国家社科基金
GUOJIA SHEKE JIJIN HOUQI ZIZHU XIANGMU
后期资助项目

模糊数据统计分析方法及应用

The Methods of Statistical Analysis and
Its Applications for Fuzzy Data

王忠玉　著

中国人民大学出版社
·北京·

国家社科基金后期资助项目
出版说明

后期资助项目是国家社科基金设立的一类重要项目，旨在鼓励广大社科研究者潜心治学，支持基础研究多出优秀成果。它是经过严格评审，从接近完成的科研成果中遴选立项的。为扩大后期资助项目的影响，更好地推动学术发展，促进成果转化，全国哲学社会科学工作办公室按照"统一设计、统一标识、统一版式、形成系列"的总体要求，组织出版国家社科基金后期资助项目成果。

全国哲学社会科学工作办公室

前　言

当今人类社会进入移动互联网时代，各种各样的信息不断涌现，诸如音频信息、图像信息、各种网络平台提供的新闻报道等。信息或者数据已经成为最重要的资产之一。获取信息的能力，特别是从有用的数据中提取有助于决策的信息，不论对机构决策者还是个体来说，都是最重要的能力之一。如果机构决策者或个体只能得到很少的信息或者有偏的信息，那么将会导致对事物现象本质的认识与决策落后于他人，进而影响到自身未来的发展，甚至导致决策失败。

模糊信息和精确信息

信息世界充斥了各种类型的不同信息，有些信息是精确信息，有些信息是不精确信息或者说模糊不清的信息。比如，在现实社会中，经常会遇到关于事物状态和发展进程的刻画和描述。例如：

- 张三的身材很高。
- 今天（2021 年 9 月 8 日）哈尔滨的天气很暖和。
- 李四今年 25 岁。
- 李开复看起来很年轻。
- 2020 年昆明市房价的均值不算高。
- 这辆车开得很快。
- 京津城际复兴号列车的最高时速为 350km/h。

这几个关于事物发展状况的陈述所包含的信息大致可分为两大类：一类是不精确信息或模糊信息，另一类是精确信息或清晰信息。换句话说，有些信息是精确信息，而另一些信息则是模糊信息或者模糊现象，如图 1 所示。

实际上，各行各业都存在诸如此类的情况。具体地说，包括：

（1）事物的非完整性，例如出现省略句"……"的情况；

（2）事物的暧昧性，比如在评语中使用"完成得还可以"；

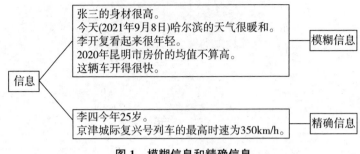

图 1　模糊信息和精确信息

(3) 事物状况的非精确性 (imprecision),例如测量噪声的影响;

(4) 事物的随机性 (randomness),例如掷骰子;

(5) 事物的模糊性 (fuzziness),例如天气很热。

为什么会存在模糊信息或模糊性呢?任何语言都是离散的,而现实世界是连续变化的。离散表征与连续感知之间的差距导致了语言表示中普遍存在模糊性。

设想一下,考察某个人的成长阶段或不同的年龄段,选择刻画年龄的尺度可用诸如年、月、周、天或者更精细的小时等单位,当选用的尺度越精细,就难以确定一个阈值作为分界点(又称隶属阈值、临界值),低于此阈值的人作为年轻人完全适用,而高于此阈值的人作为年轻人就完全不适用。可以看出,对于人类来说,语言表述和数值表示之间的冲突前者只是运用语言表述有限项〔婴儿、儿童、少年、青年、中年、老年〕集合,而后者是采用实数值区间 [0,120] 的形式,这里认为人类年龄的上限为 120 岁。

一般地说,不精确定义或者模糊定义的信息类是否有隶属阈值呢?考察"秃发"这类人员所定义的集合。当某个人没有头发时,无疑一定是秃发,而有少许头发的人就不是秃发。于是就产生了问题:秃发和非秃发的隶属阈值或临界值设置在哪里?

刻画这类现象或表征诸如此类的事物状态时,数学中的模糊集理论大有用武之地。实际上,运用模糊集理论表述此类概念不用设定任何阈值就能轻而易举地完成任务。对这类问题的探索对模糊集理论背后的逻辑产生了深远的影响。

模糊性和不确定性

为了理解和研究模糊性,首先阐明和模糊性有非常紧密联系的概念——不确定性。

如上所述,模糊性是指某对象元素隶属于特定集合的程度并不十分明确的情况。

不确定性（uncertainty）不同于模糊性。不确定性是指某个人或团体组织声称命题是否成立的能力。不确定性所包含的内容涵盖了模糊性，换句话说，模糊性仅仅是不确定性的一个真子集。

实际上，为了理解不确定性，首先要知道不确定性的反义词，即确定性。"确定"的字面含义是"明确而肯定"，有清楚、完成以至不可更改之意。其英文"certainty"是指必然的事、确定的事。确定性的概念存在多种不同的表示方式。总之，确定性常常用不容置疑的术语来解释。

从确定性的类型或种类来看，存在各种不同的确定性。当拥有某一信仰的主体对其真理深信不疑时，这种信仰在心理上就是确定的。概括地说，当信念具有最高的认识论地位时，它在这个意义上是确定的。认知确定性常常伴随着心理确定性。通俗地说，凡是确定性的对立面就是不确定性，这样认知的不确定性是确定性的反义词。

事实上，不确定性存在许多不同类型。考虑到对不确定性分类时所用的标准不同，不确定性的分类和对象也是多种多样的。比如，不确定性可以分为主观不确定性（或主体性为主的不确定性）和客观不确定性（或客体性为主的不确定性，参看张本祥著《确定性与不确定性》[86]），而客观不确定性又可分为两类：（ⅰ）由系统内在可变性引起的不确定性，（ⅱ）由缺乏知识引起的不确定性，如图2所示。内在可变性可以归因于基于重复测量的系统特性，这种类型的不确定性被称为随机不确定性。由于缺乏知识而产生的不确定性被称为认知不确定性、知识不确定性。对于随机不确定性，可以利用概率方法对其建模来研究。

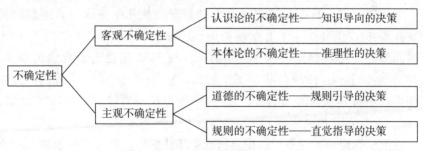

图 2　不确定性的分类

通常，不确定性和模糊性所揭示的内容是不一样的。举例来说，考察某辆汽车，有人说："这辆车已经很旧了。"注意，"很旧"是因为缺乏测量或评估数字特征的能力而导致的模糊性。而另一个人说："这辆车可能是德国制造的。"这是一种不确定性，是关于这辆车由定义明确的德国制造的命题不确定性，也许是基于统计数据（随机实验）建立的。

继续思考上面的例子，假如还有一个人说："我随机选取的那辆车可能很大。"这句话是什么含义呢？这是一种既包含不确定性又包含模糊性的情况。一方面，这句话本身对"大"的概念缺乏精确的定义，具体而言，修饰语"很"（very）表示对"大"的概括程度；另一方面，随机选取则解释了不确定性的属性。

不确定性和模糊性所刻画的内容不同，是由考察对象的视角决定的，这一点可以从前面关于不确定性的分类看出来，模糊性在某种意义上是不确定性的子集。

统计学家 C. R. 劳在《统计与真理》（第 2 版，1997，第 38 页）[15] 中认为："看起来偶然性和模糊性是使生活变得有趣的两个基本因素，它们使得自然界中的事物不可预测，人们交流时所使用的术语没有唯一的解释。过去，这些被认为是无法着手处理的障碍。今天我们不仅把它们作为不可避免的来接受并进行学习研究，而且，或许更重要的是，我们还把偶然性和模糊性考虑为社会进步的基本因素！"

从经典模糊集到现代模糊集

美国自动控制专家扎德（Zadeh）在 1965 年提出并引入了模糊集（fuzzy sets）——目前文献中经常将扎德的模糊集称为经典模糊集（classical fuzzy sets），开创了利用模糊集理论研究模糊现象的模糊数学。模糊集理论利用隶属函数来描述人们认识的模糊性（即不确定性的某类子集），这类模糊集被称为 I 型模糊集。模糊集由于在解决认识不确定性领域具有一定的优势，因此在各个领域取得了巨大成功。

后来研究者不断探索发现，对模糊集理论从几个不同的方向加以扩展，扎德在 1975 年提出了 II 型模糊集，J. M. Mendel 等人在 2006 年提出了区间值的 2 型模糊集，K. T. Atanassov 在 1986 年提出了直觉模糊集，F. Smarandache 在 1999 年提出了中智集，V. Tora 在 2010 年提出了犹豫模糊集，还有其他研究者提出了诸如毕达哥拉斯模糊集、图片模糊集、q-rung Orthopair 模糊集等。

这里依据提出各种不同模糊集概念的年代顺序，将重要的模糊集理论的名称、提出者、年代的基本情况大致列出如下：

- 模糊集又称 I 型模糊集，Zadeh, L. A., 1965。[67]
- II 型模糊集，Zadeh L. A., 1975。[71]
- 区间值模糊集（interval-valued fuzzy sets），Mendel, J. M., John, R. I., Liu, F., 2006。[46]
- 直觉模糊集（intuitionistic fuzzy sets, IFS），Atanassov, K. T., 1986。[5]

- 模糊多重集（fuzzy multisets），Yager，R. R.，1986。[66]
- 中智集（neutrosophic sets），Smarandache，F.，1999。[56]
- 犹豫模糊集（hesitant fuzzy sets），Tora，V.，2010。[57]
- 毕达哥拉斯模糊集（Pythagorean fuzzy sets），Yager，R. R.，Abbasov，A. M.，2013。[62]
- 图片模糊集（picture fuzzy sets），Cuong，B. C.，2014。[16]
- q-rung Orthopair 模糊集（q-rung Orthopair fuzzy sets），Yager，R. R.，2017。[63]
- 球形模糊集（spherical fuzzy sets），Gündogdu，F. K. and Kahraman，C.，2019。[25]
- Fermatean fuzzy sets，Senapati，T. and Yager，R. R.，2020。[55]

下面对直觉模糊集、毕达哥拉斯模糊集、Fermatean 模糊集等概念之间的联系和各自隶属度的特征做一个简略的介绍。

模糊集只是表达模糊性，并不具备处理人类思维中固有的犹豫的能力。为了更清晰地定义犹豫，K. T. Atanassov 提出了直觉模糊集，它是对模糊集的十分重要的推广。这种方法用隶属度与非隶属度同时表示决策者对方案的支持与反对，可以有效处理决策信息不确定的问题，并且二者之和必须小于或等于 1，也就是

$$（隶属度）+（非隶属度）=1$$

然而，现实生活中往往并不存在非黑即白的问题。直觉模糊集的主要贡献在于其能够处理由于信息不准确而可能存在的犹豫。不过，如果

$$（隶属度）+（非隶属度）>1$$

那么直觉模糊集无法克服这种情况。因此，Yager 和 Abbasov 提出了毕达哥拉斯模糊集来克服直觉模糊集的这个缺点。毕达哥拉斯模糊集进一步推广了以隶属度和非隶属度为代表的直觉模糊集。

毕达哥拉斯模糊集是对直觉模糊集的非常重要的扩展，是研究隶属度不确定情况的新工具。隶属度与非隶属度之和可以小于或大于 1，但是隶属度与非隶属度的平方和≤1。毕达哥拉斯模糊集在处理涉及人类思想和主观判断的模糊性和不精确性方面非常成功。

当将毕达哥拉斯模糊集与直觉模糊集进行比较时，可以发现，毕达哥拉斯模糊集提供了更大的灵活性和表达不确定性的能力，原因在于毕达哥拉斯模糊集的隶属度空间大于直觉模糊集的隶属度空间。例如，决策者（DM）可以对某元素 $x \in X$ 的隶属度给出 0.7 的评价，而对元素 x

的非隶属度给出 0.6 的评价。由于这两个值之和（也就是 0.7＋0.6＝1.3）大于 1，因此，直觉模糊集不能满足这一条件，在这种情况下对隶属度建模时，首选毕达哥拉斯模糊集。由于这些特性，毕达哥拉斯模糊集近年来引起了许多研究者的关注，并应用于许多现实生活中的多准则决策问题。

Fermatean 模糊集在毕达哥拉斯模糊集的基础上进一步推广，使隶属度与非隶属度的立方和大于 0 且小于 1。与毕达哥拉斯模糊集相比，Fermatean 模糊集所考虑的隶属度与非隶属度选取的是立方形式，而前者选取的则是平方形式。观察发现，立方形式的好处是使得模糊集所能包含的信息更多，它所表达的信息也就更加丰富。

例如，某个问题的隶属度为 0.9，非隶属度为 0.6，对于毕达哥拉斯模糊集而言，它们的平方和是 0.81＋0.36＝1.17＞1。在同样的条件下，对于 Fermatean 模糊集而言，它们的立方和是 0.729＋0.216＝0.945＜1。与直觉模糊集和毕达哥拉斯模糊集相比，Fermatean 模糊集所能表示的模糊信息更多。

实际上，Fermatean 模糊集是对直觉模糊集和毕达哥拉斯模糊集的扩展和推广，它们具有某些相同的性质：单个隶属度与非隶属度。但是，在隶属度与非隶属度的取值上，直觉模糊集必须使隶属度与非隶属度之和小于等于 1；而毕达哥拉斯模糊集与 Fermatean 模糊集可以允许隶属度与非隶属度之和大于 1。从约束条件上看，毕达哥拉斯模糊集还需满足隶属度与非隶属度的平方和小于等于 1 的条件，而 Fermatean 模糊集只需要隶属度与非隶属度的立方和在 0～1 的范围内，扩大了模糊信息量，更能反映决策方案的模糊性。

经典模糊集、直觉模糊集和毕达哥拉斯模糊集等各自隶属度的主要特征和关系可以归纳概括为表 1。

表 1　几种模糊集的隶属度的主要特征和关系

模糊集理论	提出者和年代	隶属度特性
经典模糊集，又称 I 型模糊集	L. A. Zadeh, 1965	● 隶属度 (α)，$\alpha \rightarrow$ [0, 1]，是一个精确值
II 型模糊集	L. A. Zadeh, 1975	● 隶属度 (α)，$\alpha \rightarrow$ 模糊集，它是 I 型模糊集的推广

续表

模糊集理论	提出者和年代	隶属度特性
直觉模糊集	K. T. Atanassov, 1986	● 隶属度 (α), $0 \leqslant \alpha + \beta \leqslant 1$ ● 非隶属度 (β), $\gamma = 1 - (\alpha + \beta)$ ● 犹豫度 (γ), $\alpha \rightarrow [0, 1]$
毕达哥拉斯模糊集	R. R. Yager 与 A. M. Abbasov, 2013	● 隶属度 (α), $\alpha + \beta \leqslant 1$ 或 $\alpha + \beta \geqslant 1$ ● 非隶属度 (β), $0 \leqslant \alpha^2 + \beta^2 \leqslant 1$ ● $\gamma = (1 - (\alpha^2 + \beta^2))^{1/2}$ 犹豫度 (γ), $\alpha, \beta, \gamma \rightarrow [0, 1]$
Fermatean fuzzy sets	T. Senapati 与 R. R. Yager, 2020	● 隶属度与非隶属度的立方和大于 0 且小于 1, 这是对毕达哥拉斯模糊集的推广

实际上，各类模糊集在不确定环境下的许多不同决策领域取得了广泛而成功的应用。例如，选择优秀人才问题、选择供应商问题、评价航空公司服务质量问题、评价卫生健康问题、工厂选址问题、选择储能方式、海上风电场选址问题等。

模糊随机变量

自从 1965 年扎德模糊集创立以来，如何将模糊集和概率论联系在一起的问题，就成为研究者关注和探索的焦点。对此研究，文献存在两种不同的方法路径：第一种方法是强调模糊性与随机性两种潜在不确定性之间的区别[67]；第二种方法是企图建立涉及或结合模糊性与随机性两者的新设置和概念[68]。

与第二个方法相联系的，1976 年法国学者 Robert Féron 引入了模糊随机集的概念，以此对"产生"的模糊值（更具体地说，是度量空间的模糊集）随机机制进行建模。模糊随机集被系统形式化为在模糊集空间中取值的随机元素，该模糊集空间被赋予一定的博雷尔 σ 域（Borel σ 域），或者对随机集合概念加以逐层次推广。Puri 和 Ralescu[51,52] 深入思考和强化了 Féron 的思想，他们将模糊随机集重新创造为模糊随机变量。Puri 和 Ralescu 考虑 Fréchet 提出但其论文中缺少的具体指标，他们引入期望、条件期望等关键概念。这些随机元素被称为随机模糊集。

几乎同时，在 1978 年，Kwakernaak[37,38] 引入模糊随机变量的概念，对潜在实值随机变量（称为原始变量）的模糊感知加以形式系统化。根据模糊值的认识论/本体论区别，Kwakernaak 的概念对应于认识论方法。因此，尽管 Kwakernaak 意义上的模糊随机变量背后的随机机制产生了实值数据，但它们不能被完全感知，而只能对这些数据进行模糊感知。后来，Kwakernaak 的思想由 Kruse 和 Meyer[35] 以更清晰的数学方式系统化。总之，Kwakernaak-Kruse-Meyer 意义上的模糊随机变量适合于对可用信息不精确或不精确报告的实值随机属性进行建模。

研究模糊随机变量的两种不同视角概念背后的方法，会影响利用它们所建立的统计数据分析。观察发现，关于模糊随机变量的 Kruse 和 Meyer 分析方法，既可以指原始变量的参数，也可以指对它们的模糊感知，例如 Kruse 和 Meyer[35] 给出的几个例子。

与此相反，关于模糊随机变量的 Puri 和 Ralescu 分析方法，总是提到模糊随机变量分布的参数。实际上，结合第二个方法，应该指出的是，由于将模糊随机变量建模为随机元素，因此可以保留具有清晰数据的统计中的所有基本概念，而无需明确定义它们。

由于本书采用面向应用的分析框架，所以没有引入模糊随机变量等更为抽象的概念，进而没有包括利用模糊随机变量分析框架来讨论模糊数据的方差等内容。实际上，论述模糊数据的方差等内容的非常便利的分析框架就是模糊随机变量。

统计学与不确定性

在现实世界中，不论是自然科学研究活动中，还是社会科学领域的研究中，不确定性已经成为不可忽视的重要因素之一。在统计学中，研究者试图对实验、调查或假设检验结果中到底有多少不确定性进行量化。

通常，不确定性有两种主要类型：一类是认知不确定性，这是因为缺乏数据或经验而不知道的东西；另一类是随机不确定性，对某事物有完全未知的东西，比如掷一粒骰子时滚动停止后会显示什么数字。

在统计学中，如何研究和测量不确定性呢？通常对于不同情况会采用不同的方法。比如，贝叶斯统计方法中就有关于刻画和推断不确定性分布的方法。贝叶斯方法是，通常在一组可能的假设下，首先引入先验分布的观念，即在数据信息被观察到之前，提出对不同假设的信赖程度。假设 h

的可信度表示为 $p(h)$ 并且是给定的，而且在给定假设 h 下，数据 d 的概率分布已知为 $p(d|h)$，这样就可以使我们能够得到观测数据信息的边缘概率分布 $p(d)$。于是，现在能计算在给出数据信息 d 时，假设 h 的条件概率分布，表示成如下公式，就是贝叶斯定理：

$$p(h|d)=\frac{p(h)p(d|h)}{p(d)}$$

这就是后验分布，或是在已知观测结果的条件下关于所选假设的不确定性分布。因而，利用所选假设的先验知识和观测所得的结果就能获得这个可能假设的新的知识。

　　此外，在统计推断中置信区间（CI）本质上就是刻画出某个统计量（如均值）的不确定性，这里的误差范围则是一个大于或小于置信区间样本统计量的范围。

　　例如，一项调查可能会报告一个置信水平为 95% 的位于 4.88～5.26 之间的区间估计。这意味着如果运用同样的方法，重复 100 次这样的调查，真实总体参数就有 95% 的机会落在 4.88～5.26 之间。

　　再比如，平均误差是指所有误差的均值。"误差"在这里是指测量值和真实值之间的差值。当研究者运用某个方法来计算其他东西时（例如，使用长度来计算面积），测量误差就会产生，此测量方法本质上就是测度了含有不确定性属性的对象。从某种意义上说，所有测量都存在误差，即测量值与真实值（理论真值或被测量值）之间的差值。误差在传统上被划分为"随机误差"或"系统误差"，这取决于相同情况的无限次测量时，（随机）误差的平均值是零还是非零。利用公式表示为

$$x'=x+e+\varepsilon$$

其中 x' 表示测量值，包括真实值（x）、系统误差（e）与随机误差（ε）。一般，假定 ε 服从高斯分布，用它的标准差 $\sigma(\varepsilon)$ 来刻画，如图 3 所示。

　　这里不确定性刻画了测量中不可避免的误差。如果测量的不确定性通过无限次地重复测量来表征，那么得到的误差分布就描述了误差的预期大小，如图 3 所示。图 3(a) 揭示了随机误差的情况。这里不确定性是用它的宽度来表示误差的分布。而图 3(b) 则揭示了系统误差，这不能用单个值来描述。可以看出，不确定性是数据的重要组成部分，因为它提供了一种有效和持续地向用户传达数据的优势和局限性的方法，也是一种比较和巩固对被测量的不同估计值的度量的方法。

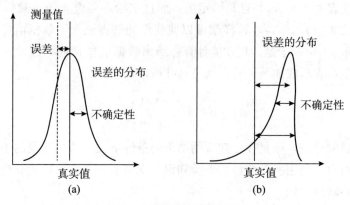

图 3　误差不确定性的刻画

　　20 世纪 60 年代，统计学家沃利斯和罗伯茨（W. A. Wallis and Ro-berts）认为："统计学是面对不确定性条件做出明智决定的一套方法。"

　　后来，另一位学者爱德华·杜波依斯（Edward N. Dubois）认为："统计学是获取和分析数值数据的一套方法，以便在不确定的世界中做出更好的决策。"

　　可以发现，统计学家一直关注着统计学如何应对不确定性，而"不确定性"的内涵会随着人类对不确定性的认识、探索的不断深化而与时俱进。诸如广义信息论、模糊数学、软计算等学科和分支的兴起与发展为统计学探索和研究不确定性中含有模糊性的数据分析、推断等提供了所需的外部条件，包括有关的理论、计算技术等。

模糊数据统计分析的兴起和发展

　　在当今经济社会发展中，机构决策者或个人为了认识和掌握事物的发展现状，特别是事态发展的未来趋势，不仅会遇到精确数据，而且会遇到模糊数据。这就激发了如何利用统计学中的分析方法、推断理论来研究模糊信息或模糊数据，从中挖掘有价值的信息，进而提取所需的知识。

　　虽然模糊性和精确性是一对截然不同的对立事物，但是当从信息（经验信息、理论信息）、数据与模型，再到研究范式（模糊信息研究范式、精确信息研究范式）来认识和理解时，就能把握两者的对立统一关系，如图 4 所示。

　　统计学在解决各种现实问题时会遇到无法利用概率来处理的复杂的不确定性，这激发和推动了许多学者和专家不断地探索模糊信息研究。

　　统计学家 C. R. 劳在《统计与真理》（第 2 版，1997，第 37 页）[15] 中曾经说过："除了我们已经讨论过的偶然性和随机性以外，在解释观测数

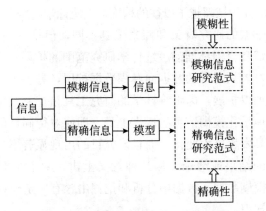

图4　精确信息和模糊信息的研究范式

据时还存在着另一个障碍。这就是在识别物体（包括人、位置场所或事物）所属的不同类别时存在的模糊性。"

　　意大利 Renato Coppi 教授认为（2008）[14]："统计推理会受到各种不确定性来源的影响：包括随机性、不精确性（imprecision）、模糊性（vagueness）、部分无知等。传统的统计范式（如统计推断、探索性数据分析、统计学习）无法解释统计推理在现实生活应用中出现的复杂不确定性行为。"

　　处理和探索模糊数（或模糊数据）的统计方法目前正处于探索发展阶段，尤其是最近30多年来取得了许多丰硕的研究成果，但是与以往统计学相比，尚处于成长时期[2-4][6-13][17-24][26-45][47-54][58-62][65][69-70][72-74][76-77][83-85][87-89]。

　　关于模糊统计方法的文献越来越多，本书要在纷繁凌乱的文献中归纳探索思路，汇总成果，并在此基础上进一步完善和创新。

　　对于模糊统计分析或者模糊数据统计分析的研究内容、方法和探索范围，目前学术界还没有达成一致的共识，没有规范的公认定义。概括而言，存在两大不同学派。一个学派是运用统计学分析方法、理论和各种探索工具研究"模糊数或者模糊数据"，研究对象是那些描述和刻画模糊性的数据，并借助于模糊数学中的已有成果和分析工具或者其他量化模糊信息的探索工具，采用统计学分析框架来研究、挖掘模糊数据中的有用信息，为决策提供有力的支持。

　　另一个学派是运用模糊数学的研究工具、分析方法等，但不限于模糊数学工具箱，还包括其他量化模糊信息的分析理论和方法，来探索与研究通常数据（一般不是模糊数据），目的是进一步挖掘数据中的模糊性和复杂不确定性等内涵。这个学派的研究工具箱进一步扩展了统计学中已有的分析工具和理论，将统计学的研究外延向探索复杂不确定性的领域，特别是模糊信息领域扩展，其研究领域超越了以往的精确数据统计学的研究范畴。

尽管两个学派的研究对象和探索工具不同，但是它们具有共同属性，即其探究的领域和目标都推动了统计学研究范围的扩展。具体地说，一个学派是将研究对象从通常的数据向模糊数据扩展，另一个学派是对探索理论和分析工具加以扩展，即将统计学的研究工具箱扩大至可以囊括模糊数学等，甚至其他量化模糊信息的探索工具。即使对待同样的研究对象，当所用的分析工具发生巨大变化，而且研究目的出现显著不同时，也可能会产生意想不到的结果或结论。从某种意义上讲，两个学派具有一致的目标，那就是从模糊数据、数据中分析和挖掘出含有一定模糊属性的有用信息，甚至某种知识。

本书对模糊数据的含义作了如下界定，模糊数据是指用模糊集表示的模糊数，换句话说，是指隶属函数表述的数据，包括常见的三角形模糊数、梯形模糊数、LR 型模糊数，还有语言变量等。这类模糊数据的特点之一是具有凸性。

实际上，模糊数据类型不仅包括具有凸性的模糊数据，而且包括非凸性、非正规性的模糊数据，但因本书研究主题所限，这里仅研究具有凸性、正规性的模糊数据。

本书采用面向应用的分析框架，以凸的模糊数据为研究对象，书中的模糊数据统计分析方法的含义参照了前面提及的两大学派的核心要义——既有研究对象是模糊数据的情况，又有统计学研究工具箱扩大至囊括模糊数学等情况。书中除第一章至第四章介绍和阐述模糊数学基础知识之外，第五章和第六章的研究对象是模糊数（本书称之为模糊数据），重点是探索和分析模糊数据序列的排序问题、模糊数据序列的集中趋势。鉴于模糊数据存在各种不同形式，刻画表述也呈现出多样性，提取模糊数据的内涵特性的角度也会有所不同，因此，这就形成了各种各样的探索模糊数据序列的排序问题的方法。这一点深刻地反映出模糊数据具有的模糊性和复杂性。

第六章主要从两个维度来阐述和分析模糊数据的集中趋势。一个维度是从模糊数据的外在表述形式的特征出发，探索如何寻找和计算一系列模糊数据的算术平均数、中位数。另一个维度是通过提取模糊数据的内涵特性，阐述和分析模糊数据序列的均值、中位数。

第七章至第十章主要是阐述和分析模糊统计估计方法。本书的模糊统计估计方法是指利用模糊数据作为概率密度函数或离散的概率质量函数的参数估计值。第七章提出模糊估计量，第十章提出广义模糊估计量，这是本书提出的核心概念和内容，并将它们应用于单个正态分布总体的均值、方差的模糊估计，以及两个正态分布总体均值之差、方差之比的模糊估计等，并给出了具体应用示例。

第十一章至第十四章关注模糊统计假设检验问题，主要利用前面几章提出的分析模糊估计量的方法和计算程序，研究单个正态分布总体的均值、方差的模糊统计假设检验，以及两个正态分布总体均值之差、方差之比的模糊统计假设检验等。同时，还提供了多个应用事例。

第十五章主要分析和提出一种基于模糊数值的统计检验方法，即模糊 p 值，同时证明，在由模糊 p 值的特征函数所确定的某个区间之外，也可以做出明确决策。

另外，在介绍和阐述全书所需的最低限度的模糊数学知识方面（即第一章至第四章），本书做出了新颖的设计安排，体现出两个目的：一个目的是服务于全书知识体系的完整性，包括最基本的模糊集、α 截集、扩张原理、隶属函数的提取和构建内容；另一个目的是，梳理并突出统计学分析方法的精髓，紧扣论述主题。

全书对模糊数据统计分析方法中的有关内容进行了探索性的研究和论述，将统计学分析方法和模糊数学分析工具有机地结合起来，将 α 截集与置信区间相结合，突破了以往统计学分析和研究的方法论，研究成果有利于发现模糊统计分析方法思想的融合形成机制，同时丰富和发展了模糊数据统计分析方法，在模糊数据统计分析方法的方法论、认识论上具有一定程度的创新发展。

此书的研究与写作凝聚了作者十多年的潜心研究，从确立专题的题目，到研究有关文献，特别是构思内容的选取和框架设计，再到完成初稿，这个过程不断发现问题、不断研究，甚至对最初版本的框架进行大修大改，进而导致完成本项目的时间不得不一而再地推延。可以说，目前版本是作者殚精毕思、不断钻研的成果。即使这样，书中内容也难免存在纰漏和错误，请同行专家和读者指正。联系邮箱：h20061111@126.com。

本书适合对模糊数据统计感兴趣的高等院校统计系、数学系和应用数学系的研究生、高年级本科生，也适合希望运用模糊数据统计分析方法解决实际问题的其他相关专业的研究生、科技研究人员等。

本书是 2017 年国家社科基金后期资助项目《模糊数据统计分析方法及应用》（编号：17FTJ001）成果。特别感谢同行专家评阅本书时所提出的宝贵建议。

王忠玉

广东科技学院

目　录

第一部分　模糊集理论

第一部分

模糊集理论

第一部分主要介绍模糊集的基本知识，并阐述模糊集的基本运算等，同时涉及扩张原理、截集、区间数据及运算、模糊函数等有关模糊集理论的基础知识，最后探讨了模糊量、模糊数据，等等。第一部分包括四章：模糊集、模糊集的其他运算、扩张原理和模糊数据、隶属函数的提取和构建。

第一章　模糊集

第一节　集合的基本知识

为使本书知识具有系统性，更好地认识模糊集，首先回顾普通集合有关的基本概念，包括论域、包含、空集、幂集、交集、并集等和运算法则。

19 世纪末，数学家康托（Georg Ferdinand Ludwig Philipp Cantor，1845—1918）首先提出集合论，并迅速渗透到各个数学分支，成为基础数学。

康托对集合所给出的定义是：将一定的并且彼此可以明确识别的东西（可以是直接的对象，也可以是思维的对象）放在一起，称为集合。

一、普通集合与特征函数

集合是数学中最基本的概念之一。所谓集合，是指具有某种特定属性的对象的全体。集合存在两种常用的表示法：一种是穷举法，另一种是特征描述法。

下面分别举例说明。

第一种方法：穷举法。例如，$S = \{$小学生，中学生，大学生，研究生$\}$ 表示"学生"集合。

第二种方法：特征描述法。例如，$A=\{x\,|\,x<0,\text{且 }x\text{ 是实数}\}$。

为了后面阐述的方便，现在给出集合论中最常用的一些基本术语。

通常，我们讨论某一概念的外延时总离不开一定的范围，这个讨论范围称为"论域"。论域中的每个对象称为"元素"。换句话说，论域是讨论的对象的全体组成的集合。这里论域经常用 U 或 X 表示。

下面给出集合关系和运算方面的几个常用术语。

包含：$A\subseteq B$ 意味着，对于任意 $x\in A$，都有 $y\in B$。

空集：若对于任意集合 A，都有 $\varnothing\subseteq A$，则称 $\varnothing$ 是任意集合 A 的空集。

幂集：设 U 是论域，U 的所有子集（包括全集与空集）组成的集合称为 U 的幂集，记为 2^U 或 $P(U)$。

例如，$U=\{a,b,c\}$，则 $2^U=\{\varnothing,\{a\},\{b\},\{c\},\{a,b\},\{b,c\},\{a,c\},\{a,b,c\}\}$。

下面是最常用的集合运算。

并集：A 与 B 的并集定义为 $A\cup B=\{x\in A\text{ 或 }x\in B\}$。

交集：A 与 B 的交集定义为 $A\cap B=\{x\in A\text{ 且 }x\in B\}$。

差集：A 与 B 的差集定义为 $A-B=\{x\in A\text{ 且 }x\notin B\}$。

补集：设 U 是论域，A 对 U 的补集为 $A^c=U-A=\{x\in U\text{ 且 }x\notin A\}$。

等于：集合 A 和 B 相等，即 $A=B$，意味着 $A\subseteq B$ 且 $B\subseteq A$。

从逻辑观点考察普通集合（又称经典集合），普通集合对应于二值逻辑（又称布尔逻辑），其运算形式表现为布尔代数。元素 x 属于或不属于某一个集合 A，非常清楚，毫不含糊。目前，普通集合论在数理科学上已经建立起一套相当完善、系统的逻辑体系。

对于集合和元素的关系，普通集合是将元素和集合之间的关系利用特征函数来说明，也就是当 $x\in A$ 时 $I(x)=1$，当 $x\notin A$ 时 $I(x)=0$。

定义 1.1　对于论域 U 的子集 A，A 的特征函数被定义为

$$I_{A(x)}=\begin{cases}1,&x\in A\\0,&x\notin A\end{cases}\tag{1.1}$$

用 $I_{A(x)}$ 或 I_A 表示，其中 $I_{A(x)}$ 表示定义在 U 上的取值为 $\{1,0\}$ 的函数。称式（1.1）为集合 A 的特征函数（characteristic function），有时也称为指示函数。

讨论模糊集理论时，通常会涉及模糊逻辑。在经典逻辑中，所考察的对象变量（或者变元）只有"真"和"假"两种取值，经常用 1 和 0 表

示，不会存在第三个值。模糊逻辑属于一种多值逻辑，在模糊逻辑中，对象变量的值可以是[0，1]区间上的任意实数，如图1.1所示。

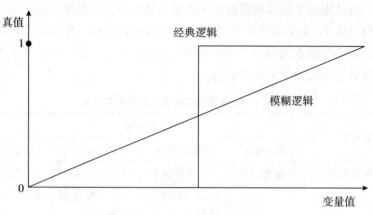

图 1.1　经典逻辑和模糊逻辑的比较

二、明确集合与多值模糊集

通常，集合表示所要考察的某一类对象。概念的外延就是一个普通集合。用普通集合表示概念，正是利用集合指出概念的外延。这种能用普通集合明确表示其外延的概念是十分清晰的。

在自然科学中，特别是社会科学以及人类的经济社会活动中，许多现象并不一定存在"非此即彼"的关系，这时若依然将普通集合关系应用于描述某些事物或者状况，就经常出现不合理的情况。

举例来说，北京师范大学心理研究所的某老师在完成某一教学单元之后，进行一项学习测试，以了解学生对所学知识的掌握程度。比如，李四同学可能仅仅掌握60%（比如卷面成绩60），而赵五同学则掌握80%（比如卷面成绩80）。实际上，学校通行的考试分数就是一种"非此即彼"——及格与不及格的现象。这种将班级学生划分成及格和不及格两类的做法已经成为惯例。实际上，测试和衡量学生对知识的掌握程度，比较合理的方式是优秀、良好、一般、及格和不及格。多层次的成绩表述本质上就是多值逻辑应用。

从某种意义上讲，对某些社会现象强制采用二值分类会导致出现界限不是十分清晰明确的情况。这类情况更适合采用多值逻辑进行判断，例如采用三值或四值逻辑等进行分析，反而更容易认识和把握事物状况，如表1.1所示。

三、多值逻辑的图示法

一种认识和掌握多值逻辑含义的通俗易懂的方法是图示法。布尔逻辑仅取值 0 或 1，如果将布尔逻辑和多值逻辑进行比较，那么由上面的论述可知，多值逻辑能够取多个不同的值，比如 0.8、0.6、0.4、0.2 等，它们各自具有不同的含义和表示法。

表 1.1　明确集与模糊集的隶属程度比较

明确集	模糊集			
	三值模糊集	四值模糊集	六值模糊集	连续模糊集
1＝全部属于	1＝全部属于	1＝全部属于	1＝全部属于	1＝全部属于
		0.75＝较大部分属于	0.9＝绝大部分属于	隶属度"属于"大于"不属于"：
			0.7＝较大部分属于	$0.5 < x_i < 1$
	0.5＝既不属于又属于			0.5＝既不属于又属于
			0.3＝较少部分属于	隶属度"不属于"大于"属于"：
		0.25＝较少部分属于	0.1＝极小部分属于	$0 < x_i < 0.5$
0＝全部不属于	0＝全部不属于	0＝全部不属于	0＝全部不属于	0＝全部不属于

通常，布尔逻辑取值为 0 与 1，而多值逻辑取值为 1、0.8、0.6、0.4、0.2、0.0。当对这些数值赋予不同色彩时，比如 1 对应黑色，0 对应白色，多值就被赋予不同程度的灰色。多值逻辑的可视化如图 1.2 所示。事实上，利用图示法更容易揭示两者的差异。

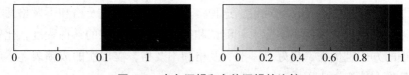

图 1.2　布尔逻辑和多值逻辑的比较

美国自动控制专家、美国工程科学院院士扎德教授（Lotfi Zadeh，1921—2017，美国工程院院士，美国加州大学伯克利分校计算机系终身教授，模糊逻辑之父，世界著名的人工智能专家）于 1965 年在《信息与控制》杂志第 8 期上发表了《模糊集》的论文[15]，引起了各国数学家和自动控制专家的注意。他通过引进模糊集（边界不明显的类）提供一种分析复杂系统的新方法。他提出用语言变量代替数值变量来描述系统的行为，使人们找到了一种处理不确定性的方法，并给出了一种较好的推理模式。

　　自 1965 年模糊集诞生以来，处理模糊现象（一类特殊的不确定性）的理论不断发展和丰富，至今已经形成较为完善的模糊理论体系，并用于刻画和解释许多事物的发展状况，形成了应用非常广泛的处理模糊信息的有力工具箱。

第二节　研究集合的两种方法

一、工程科学的建模观点

　　工程科学的传统建模观点旨在利用所研究现象的观测数据集，建立真实现象的数学模型。这种数学模型在如下意义上是近似的：它是对想要解释的现实的一种简化抽象，这样做往往是精确的。在具体应用中，数学模型通常采取实值函数形式，最古老和最常用的函数形式是线性函数，例如描述量或变量随时间如何演变。但是，在实际建模中对于各种不同的问题，可能会因研究者所用的方法不同而导致所用的函数类型也各不相同。

　　此外，在重复实验中，许多真实现象还存在着不确定性因素，包括测量过程的噪声环境。随机模型是运用具有频率特征的概率分布来捕捉观察到的事件的总体趋势。随机模型本质上是对研究变量赋予一个概率测度，然后通过观测它的统计数据来反映和揭示其可变性。在这种方法中，随机模型是对物理现象中可变性的精确描述。

　　当前，关于非线性模型的研究已经取得非常大的进展，并且建立了相对完善的理论体系，例如神经网络和模糊系统。由于模糊规则的数学解释与神经元之间存在巨大的相似性，模糊规则的语言可解释性和神经网络的学习能力的联合使用使得这两种建立精确模型的技术在一定程度上被合并。可以看出，这些方法相对于比较老的建模技术而言具有创新性。

　　近年来，人工智能（AI）出现，它与更传统的以人为中心的研究领域有关，如与经济学、决策分析和认知心理学有关，从而对知识推理的关注已经成为一个主要范式。表现知识需要运用逻辑语言，这一领域有着悠久的哲学传统，逻辑语言主要是在古典逻辑或模态逻辑（modal logic）的框架下发展起来的。

与数值建模传统相反，在大多数时候，这种基于知识的模型都是不完整的。具体地说，一组代表主体信念的逻辑公式很少是完整的，也就是说，不能确定任何命题的真实性。这种对人工智能中不完整信息的关注和研究极大地促进了探索不确定性的新理论的发展。

二、本体论集合和认识论集合

研究集合存在两种方法：一种方法是本体论集合，另一种方法是认识论集合。为了更好地理解下面的内容，首先回顾合取概念、析取概念。

合取概念是根据一类事物中单个或多个相同属性形成的概念。例如，"三个圆形"应该是合取概念，因为它指的是一类事物。析取概念是根据不同的标准，结合单个或多个属性形成的概念。例如，"三条边线的图片"应该是析取概念，因为它包括数量（三条）和形状（边线）两个不同标准，所以应该是析取概念。

在信息处理任务中，集合有合取式与析取式两种。在合取式中，集合代表感兴趣的对象，同时集合元素是该对象的子部分，构成复合描述。在析取式中，集合包含互斥元素，指的是不完全知识的表示，它不是建模的实际对象或数量，而是关于基本对象或精确量的部分信息。

最近，关于广义信息论、知识推理和不确定性领域的发展对传统的建模观点提出质疑，认为建模独立于人类的感知和推理来代表现实。有些学者提出了一种不同的方法，其中数学模型也应该解释我们对现实的观测的认知局限性。换句话说，研究者探索发展建模的认知方法（epistemic approach，又称认识方法）。这里引入两种不同模型：一种模型称为本体论模型（ontic model），它是对现实性的建模，具有精确表示，尽管有时存在不准确的情况；另一种模型称为认识论模型（epistemic model，又称认知模型），它是既有关于现实性的建模，又有关于现实性知识的数学表示，明确地解释了人们测量能力的有限精度。

通常，本体论模型的输出是精确的，但可能是错误的。认识论模型则提供了不精确的输出，但希望与它所解释的现实相一致。当然，鉴于现有的不完整信息，认识论模型应该尽可能精确，但它也应该尽可能地可信，避免没有任何支持的任意精度。

运用扩展形式定义集合 S，通常采用列出它的元素的方式来表示，在有限情况下，则是 $\{s_1, s_2, \cdots, s_n\}$。在具体应用中，这种表示显得有些含混不清。在某些情况下，集合表示真实、复杂、聚合的实体。因此，它是其元素的合取，是由精确描述的子部分所组成的实体。例如，数字图像中的区域是相邻像素的合取，活动所跨越时间的间隔是该活动发生的时间点集合。在其他情况下，集合表示关于对象或数量的不完整信息的心理结构。在这种情况下，集合被用作分离可能的项，或这个基本量的值，其中一个是正确的。

　　例如，我们对某个国家总统的出生日期可能仅有大致了解，并提供包含该出生日期的间隔。这样区间是互斥元素的析取。很明显，区间本身是主观的——这是我们的知识，即使它指的是真实事实，没有内涵存在。此外，这一集合可能会随着获取更多的信息而改变。另一个例子是逻辑命题的一组模型，或者命题知识库：只有一个模型反映出真实情况，这在形式上反映出对命题的析取式，即其模型的析取，其中每个是文字的最大合取。

　　在集合与逻辑理论中，合取是用布尔运算符 AND，析取是用布尔运算符 OR。集合 A "和"集合 B 是指每个集合中重叠的部分，即在两个集合中的所有元素。而集合 A "或"集合 B 是指集合 A 或集合 B 中的任何/所有元素。在两个集合中，文氏图清楚地说明了合取 AND 和析取 OR，如图 1.3 所示。

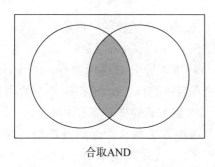
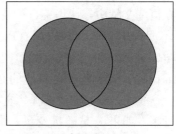

合取AND　　　　　　　　　　　　　　　　析取OR

图 1.3　合取和析取的文氏图

　　于是，将构成复合对象的元素集合 C 的集合称为合取集合，它是客观实体的精确表示。将表示不完全信息状态的集合 E 称为析取集合，它只表示不完全信息。

　　本体集合（ontic set）C 是集值变量 X 的值，可写成 $X=C$。认知集合（epistemic set）E 包含点值量 x 的不为人知的实际值，可写成 $x \in E$。析取集合 E 代表行为人的认识状态，因此它本身并不存在。事实上，在认识集合推理时，一种更好的方式是处理由量和关于它的可用知识所组成的对 (x, E)。

　　析取集合 E 之内的值 s 是 x 的可能候选值，而集合 E 之外的元素被认为是不可能的。扎德（Zadeh[69]）认为，其特征函数可以解释为一种可能性分布。合取集合和析取集合之间的差异即集值属性（比如某些人的姐妹集）和不为人知的单值属性（比如某些人的未知单姐妹集）之间的区别，已经由扎德（Zadeh[70]）进行了系统分析和区分。对不完全的合取信息的研究，很早就有研究者进行了探索。近来，Denoeux[17] 等人提出了一种利用信念函数形式化不确定合取信息的方法。

认识集合$(x，E)$并不一定解释不为人知的确定性值。不为人知的数量（或变量）可能是确定性的，也可能是随机性的。例如，特定个体的出生日期不是随机变量，即使它可能不为人所知。另外，某特定地点的日降雨量是可以用概率分布来模拟的随机变量。于是，认知集合通过观测来粗略地捕捉有关总体的信息。

例如，存在样本空间Ω，x可以是S上取值的随机变量，但由x诱导的概率分布是未知的。对于所有$\omega\in\Omega$，所有已知的是$x(\omega)\in E$。这意味着$P_x(E)=1$，其中P_x表示x的概率测度。于是，E代表Ω上的客观概率族P_E，满足$P(\{x(\omega)\in E\})=1$，其中一个是合适的随机现象的代表。在这种情况下，E所指的对象并不是x的精确值，而是描述x变异性的概率测度P_x。

在概率文献中，认识集合往往是由概率分布建模的，而不是由模型建模的。19 世纪初，拉普拉斯（Pierre-Simon Laplace，1749—1827，法国分析学家、概率论学家和物理学家）利用不充分理由原则（insufficient reason principle），根据等可能的必然有等可能性，提出使用E上的均匀概率。这是P_E中的默认选择，它与具有最大熵的概率分布相吻合。

近来，如果x是随机变量，那么这种方法被认为是很自然的。当x是一个不为人知的确定性值时，贝叶斯提出用主观概率P_x^b代替E。x的发生是不重复的，概率的程度是有意义的，通过投注解释单一发生事件A：$P_x^b(A)$是行为人选择一张彩票的价格，同意如果A是真的，则获得1美元，在可交换的赌场情景下，如果提议的价格是不公平的，那么庄家与买家可以交换角色。这样将迫使行为人提出价格$P^b(s)$之和等于1。于是，$P_x^b(A)$测度了（不可重复的）事件$x\in E$的信任程度，并且这个信任程度与行为人有关。

第三节　模糊集

下面阐述模糊集理论的基础概念及刻画方式，为后面几章讨论的内容提供概念和理论基础。模糊集（fuzzy set）有时称为模糊集合，本书采用模糊集这一表述方式。下面给出模糊集的正式定义。

定义 1.2（模糊集） 设 U 是论域（有时用 X 表述论域），U 上的模糊子集（fuzzy subset）A 是指，对于任何 $x \in A$ 都有一个实值函数 $\mu_A(x) \in [0,1]$ 与之对应，也就是

$$\mu_A : U \to [0,1]$$
$$x \longmapsto \mu_A(x) \in [0,1] \tag{1.2}$$

写成

$$A = \{(x, \mu_A(x)) \mid x \in U\} \tag{1.3}$$

其中，映射 μ_A 称为 A 的隶属函数，即刻画隶属程度的函数；$\mu_A(x)$ 表示元素 x 属于 A 的程度，称为 x 对 A 的隶属度（membership）。如果 x 全部属于 A，则 $\mu_A(x) = 1$。如果 x 全部不属于 A，则 $\mu_A(x) = 0$。如果 x 部分属于 A，则 $0 < \mu_A(x) < 1$。

通常，模糊子集是由其隶属度函数决定的。当然，隶属度函数展示集合边界上的元素是否属于模糊子集 A 的模糊性，如图 1.4 所示。

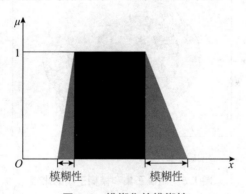

图 1.4 模糊集的模糊性

本书采用大写字母如 A、B、C 等表示模糊集。有时，为了避免符号重复，还可以在某个字母上方加"～"符号，即用 $\tilde{A}$ 或 $\tilde{B}$ 表示模糊集。

为了方便起见，有时将隶属度函数 μ_A 写成 $\mu(x)$，或者用 $A(x)$ 来表示，这种情况很容易从上下文中得以理解。

关于隶属度函数，需要做出几点说明：（1）隶属度函数定义为有序对；（2）隶属度函数在 $0 \sim 1$ 之间；（3）确定隶属度函数的值具有一定的主观性和个人偏好。

隶属度函数是模糊集合理论的基础，是从经典集合的特征函数派生出来的，用于表示各个元素属于模糊集的程度，其取值范围介于 0～1 之间。因此，隶属度函数是对经典集合的特征函数的推广。

一般地说，模糊集 A 是一类抽象事物，而隶属度函数 μ_A 则是具体函数，可通过认识 μ_A 掌握模糊集 A 的本质特征。

论域 U 上的模糊子集所构成的集合的全体称为模糊幂集，记为 $F(U)$，即

$$F(U) = \{A \mid \mu_A : U \rightarrow [0, 1]\} \tag{1.4}$$

很明显，$F(U) \supset P(U)$，其中 $P(U)$ 表示经典集合的幂集。

实际上，模糊的反义词一般是精确、明确或清晰等，"精确""明确"所描述的内容表示它不是模糊的。因此，本书用精确子集或明确子集表示经典集合。精确数或精确数据是指实数，而精确数据统计方法是指以往统计方法。明确子集与模糊子集的比较如图 1.5 所示。

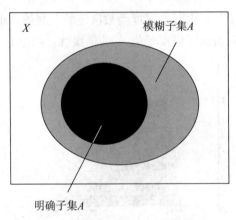

图 1.5 明确子集和模糊子集的比较

经典集合对元素和集合之间的关系用特征函数来说明，也就是说，当 $u \in A$ 时 $I(u) = 1$，当 $u \notin A$ 时 $I(u) = 0$。

但是，扎德（Zadeh，1965）在模糊集合论中提到，若某个元素属于某集合的程度越大，其隶属度值就越接近于 1，反之则越接近于 0。

例 1.1 哈尔滨市 2021 年 8 月上旬天气好坏的模糊集。

设论域 $U = \{$星期一，星期二，星期三，星期四，星期五，星期六，星期日$\}$。若从星期一到星期三是好天气，而从星期四到星期日都是坏天气，按普通集合观点，特征函数有：$f_A(u) = 1$，u（好天气）$\in A$；$f_A(u) = 0$，u（坏天气）$\notin A$。其隶属度分别为：μ_A（星期一）$= 1$；μ_A（星期二）$= 1$；

μ_A（星期三）＝1；μ_A（星期四）＝0；μ_A（星期五）＝0；μ_A（星期六）＝0；μ_A（星期日）＝0。

实际上，在好天气与坏天气之间差异是很大的，利用模糊集的概念可以选取[0，1]之间的数。可以看出，这是一个二值逻辑的普通集合表示法。

但是，当人们对天气状况加以细化时，就可进一步采用多值逻辑表示法，也就是相对于好天气的隶属度可写成：μ_A（星期一）＝0.9；μ_A（星期二）＝0.8；μ_A（星期三）＝0.7；μ_A（星期四）＝0.4；μ_A（星期五）＝0.3；μ_A（星期六）＝0.2；μ_A（星期日）＝0.1。

例 1.2　关于巧克力苦甜度（Bitter & Sweet）的模糊表示。

在各种食品当中，巧克力是非常受欢迎的。通常采用苦甜度来刻画巧克力的分类，其中各种苦甜度的巧克力可利用模糊集表示。

特苦型巧克力（Extra Amer），可可固形物含量在75%～85%的巧克力归于此类。巧克力鉴赏家认为，这是使巧克力可口的上限。

苦巧克力（Amer），可可固形物含量在50%～70%的巧克力归于此类。那些可可固形物含量低于该数值的巧克力的甜味会占主导地位。

苦甜巧克力（Bittersweet），可可固形物含量最低为35%。

半甜巧克力（Semisweet），在美国有这种称谓，介于苦甜巧克力和甜巧克力之间，是在英国和爱尔兰随处可见的几种黑巧克力中的一种。

甜巧克力（Sweet），可可固形物的最低含量为5%。

巧克力苦甜度的模糊表示如图1.6所示。

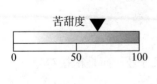

营养成分表

项目	每100g	NRV%
能量	2 328kJ	28%
蛋白质	7.4g	12%
脂肪	38.7g	65%
反式脂肪酸	0g	
碳水化合物	38.9g	13%
钠	8mg	0%

图 1.6　巧克力苦甜度的模糊表示

第四节　模糊集表示法

普通集合的表示法有枚举法，即枚举所有元素，适用于元素个数有限的集合；还有描述法，也就是给出元素的属性或判定性质。这两种方法都是集合的元素表示法。此外，还可以使用隶属度函数表示，这是一种对外延的表达。

对于模糊集来说，存在多种不同的表示方法，基本原则是必须反映出每个元素及其隶属度。

设论域 $U=\{u_1, u_2, \cdots, u_n\}$，$A$ 是 U 上的模糊子集。为了阐述方便，将模糊集分成两大类型：一种是连续型模糊集，包括三角形模糊数 (a, b, c)、梯形模糊数 (a, b, c, d) 以及方程形式等抽象表达式。这方面的内容稍后将进行介绍和阐述。另一种是离散型模糊数，比如下面将要介绍的几种表示法。

一、扎德表示法

设 X 是论域，A 是有限模糊集 $\{x_1, x_2, \cdots, x_n\}$，$A \in F(X)$，将 A 表示成

$$A=\left\{\frac{A(x_1)}{x_1}+\frac{A(x_2)}{x_2}+\cdots+\frac{A(x_n)}{x_n}\right\} \tag{1.5}$$

或者更简明地

$$A=\{A(x_1), A(x_2), \cdots, A(x_n)\} \tag{1.6}$$

前者称为扎德表示法，后者称为向量表示法。特别地，当 X 是无限集时，扎德表示法变成

$$A=\int_X \frac{A(x)}{x} \tag{1.7}$$

其中符号"$+$"与"$\int$"都不再是加号与积分号，而是衔接符号。

例 1.3　前面例 1.1 的模糊集可以写成

$$A=\left\{\frac{0.9}{星期一}+\frac{0.8}{星期二}+\frac{0.7}{星期三}+\frac{0.4}{星期四}+\frac{0.3}{星期五}+\frac{0.2}{星期六}+\frac{0.1}{星期日}\right\}$$

其中"分母"表示论域中的元素，而"分子"表示相应元素的隶属度。

例 1.4　前面例 1.3 的模糊集还可以写成

$$A = \{0.9,\ 0.8,\ 0.7,\ 0.4,\ 0.3,\ 0.2,\ 0.1\}$$

二、"序对"表示法

设 X 是论域，A 是有限模糊集，模糊集的"序对"表示法是将元素与其对应的隶属度一起构成有序对的形式。

例 1.5　前面例 1.3 的模糊集也可以写成

$$A = \{(0.9,\text{星期一}),(0.8,\text{星期二}),(0.7,\text{星期三}),(0.4,\text{星期}$$
四$),(0.3,\text{星期五}),(0.2,\text{星期六}),(0.1,\text{星期日})\}$

对于一般情况，通常采用如下的表示形式：

$$A = \{(\mu_1,\ x_1),\ (\mu_2,\ x_2),\ \cdots,\ (\mu_n,\ x_n)\} \tag{1.8}$$

三、隶属度函数的解析表达式

当 X 论域是实数集上的区间时，如果模糊数的隶属度函数具有解析表达式，那么对这类形式更容易讨论它们的描述统计分析等。

在刻画模糊数的隶属度函数中，最常见的是连续型模糊数，比如例 1.6 所用的表达式。

例 1.6　扎德给出的年龄论域 $U=[0,\ 100]$ 上的老年人（old）和青年人（young）两个模糊子集的隶属度函数如下：

$$\mu_{old}(x) = \begin{cases} 0, & 0 \leqslant x \leqslant 50 \\ \left[1+\left(\dfrac{x-50}{5}\right)^{-2}\right]^{-1}, & 50 < x \leqslant 100 \end{cases} \tag{1.9}$$

$$\mu_{young}(x) = \begin{cases} 1, & 0 \leqslant x \leqslant 25 \\ \left[1+\left(\dfrac{x-50}{5}\right)^{2}\right]^{-1}, & 25 < x \leqslant 100 \end{cases}$$

其隶属度函数曲线如图 1.7 所示。

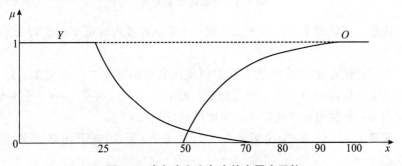

图 1.7　青年人和老年人的隶属度函数

第五节　模糊集的基本运算

与经典集合一样，模糊集之间存在着序关系及其各种运算。模糊集是利用集合的特征函数或者隶属函数（又称为隶属度函数）来定义和操作的。下面给出几个最基本的定义和定理。

定义 1.3（模糊集包含）　设 A、B 是论域 XX 的模糊子集，即 A、$B \in F(X)$，如果对于 $\forall x \in X$，有 $A(x) \leqslant B(x)$，则称 A 包含于 B，或 A 是 B 的模糊子集，记为 $A \subseteq B$，或 $B \supseteq A$。

如果对于 $\forall x \in X$，有 $A(x) = B(x)$，则称 A 与 B 相等，或 A 等于 B，记为 $A = B$。如图 1.8 所示。

如果 $A \subseteq B$，但 $A \neq B$，则称 B 真包含 A，或 A 是 B 的真子集，记为 $A \subset B$ 或 $B \supset A$。

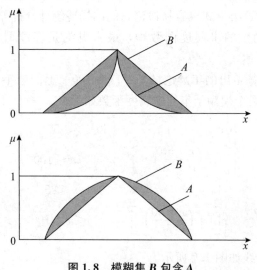

图 1.8　模糊集 B 包含 A

注意，在模糊集中，每个元素属于子集的程度可能低于属于较大集合的程度。

为了阐述方便，用 $\varnothing$ 表示其隶属度函数值恒等于 0 的模糊集，用 X 表示其隶属度函数恒等于 1 的模糊集，即 $\varnothing(x) \equiv 0$，$X(x) \equiv 1$。很明显，依据前面的模糊集包含的定义，下面的定理是成立的。

定理 1.1　设 X 是论域，A，B，$C \in F(X)$，则下面几个关系式成立：

（ⅰ）有界性：$\varnothing \subseteq A \subseteq X$；

（ⅱ）自反性：$A \subseteq A$；

（ⅲ）反对称性：$A \subseteq B$，$B \subseteq A \Rightarrow A = B$；

（ⅳ）传递性：$A \subseteq B$，$B \subseteq C \Rightarrow A \subseteq C$。

由定义 1.3 可以推导定理 1.1 的（ⅱ）、（ⅲ）、（ⅳ），$\subseteq$ 是 $F(X)$ 上的偏序关系，所以（$F(X)$，$\subseteq$）是偏序集。

定义 1.4（并(union)） X 是论域，A，$B \in F(X)$，A 与 B 的并 $A \cup B$ 的隶属度函数被逐点定义为取最大（或极大）值运算，即

$$\mu_{A \cup B}(x) = \max\{A(x), B(x)\} = \mu_A(x) \vee \mu_B(x) \tag{1.10}$$

其中符号 $\vee$ 表示取最大值运算。如图 1.9 所示。

定义 1.5（交（intersection）） 设 X 是论域，A，$B \in F(X)$，A 与 B 的交 $A \cap B$ 的隶属度函数被逐点定义为取最小（或极小）值运算，即

$$\mu_{A \cap B}(x) = \min\{A(x), B(x)\} = \mu_A(x) \wedge \mu_B(x) \tag{1.11}$$

其中符号 $\wedge$ 表示取最小值运算。如图 1.9 所示。

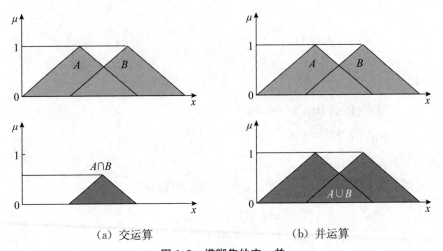

（a）交运算　　　　　　　（b）并运算

图 1.9　模糊集的交、并

定义 1.6（补（complement）） 设 X 是论域，$A \in F(X)$，将 A 的补的隶属度函数（逐点）定义为

$$\mu_{A^c}(x) = 1 - \mu_A(x) \tag{1.12}$$

有时，补集又称余集。如图 1.10 所示。

在模糊集中应用最广泛的扎德算子（Zadeh operator）用取极大值（$\vee$）和取极小值（$\wedge$）来表示，在模糊数学中它们被称为 Zadeh 算子。

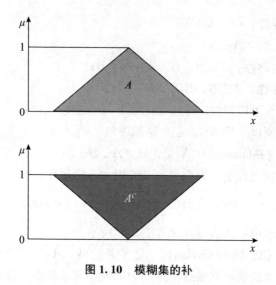

图 1.10　模糊集的补

例 1.7　设 A 表示"比 10 大很多的数"，B 表示"近似等于 11 的数"。于是

$$A = \{(x,\ A(x)\,|\,x \in \mathbb{R})\}$$

$$\mu_A(x) = A(x) = \begin{cases} 0, & x \leqslant 10 \\ (1+(x-10)^{-2})^{-1}, & x > 10 \end{cases}$$

同时

$$B = \{(x,\ B(x)\,|\,x \in \mathbb{R})\}$$

$$\mu_B(x) = B(x) = (1+(x-11)^4)^{-1}$$

求 $A \cup B$，$A \cap B$。

解：依据模糊集的并、交运算的定义，可以得出

$$\mu_{A \cup B}(x) = \begin{cases} (1+(x-11)^4)^{-1}, & x \leqslant 10 \\ \max\{(1+(x-10)^{-2})^{-1}, (1+(x-11)^4)^{-1}\}, & x > 10 \end{cases}$$

$$\mu_{A \cap B}(x) = \begin{cases} 0, & x \leqslant 10 \\ \min\{(1+(x-10)^{-2})^{-1}, (1+(x-11)^4)^{-1}\}, & x > 10 \end{cases}$$

如图 1.11 所示。

有时需要考察一系列模糊集的并、交、补的运算。这样就产生了新的问题：两个模糊集的并、交、补运算是否可以推广到任意族的模糊集呢？

答案：是的。

下面我们给出了任意模糊集族的并、交、补运算的定义，还运用了刻

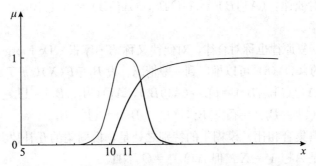

图 1.11 "比 10 大很多的数"与"近似等于 11 的数"

画集合族的指标集。

定义 1.7 设 X 是论域，T 是刻画模糊集的任意指标集，$A_t \in F(X)(t \in T)$，将并 $\bigcup_{t \in T} A_t$ 与交 $\bigcap_{t \in T} A_t$ 定义为，对于 $\forall x \in X$

$$(\bigcup_{t \in T} A_t)(x) \equiv \sup_{t \in T} A_t(x) = \bigvee_{t \in T} A_t(x) \tag{1.13}$$

$$(\bigcap_{t \in T} A_t)(x) \equiv \inf_{t \in T} A_t(x) = \bigwedge_{t \in T} A_t(x) \tag{1.14}$$

其中 $\bigvee_{t \in T} A_t(x)$（或者 $\sup_{t \in T} A_t(x)$），$\bigwedge_{t \in T} A_t(x)$（或者 $\inf_{t \in T} A_t(x)$）分别表示 $\{A_t(x) \mid t \in T\}$ 的上确界、下确界。

可以证明，$\bigcup_{t \in T} A_t \in F(X)$，$\bigcap_{t \in T} A_t \in F(X)$。特别是已知 $A_n(x) \in F(X)$，其中 $n \in \mathbb{N}$，如果 $A_n(x) \subseteq A_{n+1}(x)$，则有 $\bigcup_{n \in \mathbb{N}} A_n = A$，记为 $\lim\limits_{n \to \infty} A_n = A$，有时简记为 $A_n \nearrow A$；如果 $A_n(x) \supseteq A_{n+1}(x)$，则有 $\bigcap_{n \in \mathbb{N}} A_n = A$，记为 $\lim\limits_{n \to \infty} A_n = A$，有时简记为 $A_n \searrow A$。

定理 1.2 设 X 是论域，A，B，$C \in F(X)$，则 $F(X)$ 上的并、交、补运算具有下面的运算律：

(1) 幂等律：$A \cup A = A$，$A \cap A = A$；

(2) 交换律：$A \cup B = B \cup A$，$A \cap B = B \cap A$；

(3) 结合律：$A \cup (B \cup C) = (A \cup B) \cup C$，

$\qquad\qquad A \cap (B \cap C) = (A \cap B) \cap C$；

(4) 分配律：$A \cup (B \cap C) = (A \cup B) \cap (A \cup C)$，

$\qquad\qquad A \cap (B \cup C) = (A \cap B) \cup (A \cap C)$；

(5) 吸收律：$A \cup (A \cap B) = A$，$A \cap (A \cup B) = A$；

(6) 复原律：$(A^c)^c = A$；

(7) 0-1 律：$A \cup \varnothing = A$，$A \cap \varnothing = \varnothing$，

$\qquad\qquad A \cup X = X$，$A \cap X = A$；

(8) 对偶律：$(A \bigcup B)^c = A^c \bigcap B^c$，$(A \bigcap B)^c = A^c \bigcup B^c$。

证明略。

注意，复原律也称对合律，对偶律又称德·摩根（De Morgan）律，定理 1.2 中的 (4)(8) 可以推广到一般情况。设 $B_t \in F(X)(t \in T)$，则有

(4′) $A \bigcup (\bigcap_{t \in T} B_t) = \bigcap_{t \in T}(A \bigcup B_t)$，$A \bigcap (\bigcup_{t \in T} B_t) = \bigcup_{t \in T}(A \bigcap B_t)$；

(8′) $(\bigcup_{t \in T} B_t)^c = \bigcap_{t \in T} B_t^c$，$(\bigcap_{t \in T} B_t)^c = \bigcup_{t \in T} B_t^c$。

与经典集合相比，模糊集的特别之处是，模糊集的互补律并不一定成立，也就是 $A \bigcup A^c = X$，但 $A \bigcap A^c = \emptyset$ 不真。

例 1.8　设 X 是论域，对于 $\forall x \in X$，已知 $A(x) = 0.5$，则 $A^c(x) = 1 - 0.5 = 0.5$。于是

$$(A \bigcup A^c)(x) = (A \bigcap A^c)(x) = 0.5$$

可以看出

$$A \bigcup A^c \neq X，A \bigcup A^c \neq \emptyset$$

这是因为 $X(x) = 1$，$\emptyset(x) = 0$。

这个例子表明，已知模糊集 A，当用 A^c 作为它的补集时，互补律是不成立的，那么是否有其他集合比如 B，使得当用 B 作为 A 的补集时能使得互补律成立呢？答案是否定的。

对模糊集的深入研究已经证明，模糊集互补律不成立是它的独特属性之一。下一章内容会涉及这个独特属性。

我们前面已经阐述过模糊集的含义、表示法和各种运算，对模糊集理论有了一定程度的认识和理解。为了深入研究明确集合和模糊集之间的主要差异，下面采用对比方法来总结和概括两者之间在基本定义、元素性质、逻辑推理、逻辑值、应用领域等方面的差异，如表 1.2 所示。

表 1.2　明确集合和模糊集的主要差异

项目	明确集合	模糊集
基本定义	由精确和特定的特征所定义	由模糊或不明确的性质所规定
元素性质	元素属于集合，或不属于集合	元素被允许部分地包含在集合中
逻辑推理	在通常的逻辑中，排中律和非矛盾律可能成立，也可能不成立	在模糊逻辑中，排中律、非矛盾律成立
逻辑值	二值，在{0, 1} 取值	在[0, 1] 区间上取任意值
应用领域	数字系统设计等	模糊控制器设计等

第二章　模糊集的其他运算

第一节　截　集

当将模糊集看成是对普通集合的推广时，普通集合就是模糊集的一种特殊形式，在一定条件下，两者可以互相转化。利用截集可以将模糊集合转换成普通集合。另外，支集在模糊集的实际应用中起着十分重要的作用。

无论是在模糊集理论研究方面，还是在模糊集的应用研究中，α 截集（α cut set）都是模糊集理论中十分重要的概念。通俗地说，α 截集是对模糊集进行水平切割，以此形成普通集合（非模糊集合）。下面给出 α 截集的正式定义。

定义 2.1（α 截集） 设 A 是论域 U 中的模糊子集，将 A 的 α 截集定义为

$$A_\alpha = \{x \in A \,|\, A(x) \geqslant \alpha\} \tag{2.1}$$

有时为了避免和其他符号混淆，经常用符号 $A_{[\alpha]}$ 或 $A[\alpha]$ 表示。当数学表示式中已经出现 α 时，就采用 δ 等符号来表示。

由定义可知，某元素属于模糊集 A 的隶属度是由一个阈值或门限值 α

确定的，其中 $0 \leqslant \alpha \leqslant 1$。将隶属度 $\mu_A(x) \geqslant \alpha$ 的元素挑出来，就得到了普通集合，有时称 α 为信念水平（belief level）。

本质上，α 截集是普通集合，其特征函数是

$$I_{A_\alpha}(x) = \begin{cases} 1, & \mu_A(x) \geqslant \alpha \\ 0, & \mu_A(x) < \alpha \end{cases} \tag{2.2}$$

其中 $I_{A_\alpha}(x)$ 与 $\mu_A(x)$ 的关系如图 2.1 所示。

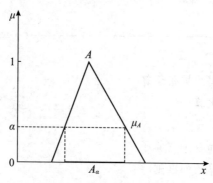

图 2.1　$I_{A_\alpha}(x)$ 与 $\mu_A(x)$ 的关系

定义 2.2（核）　设 A 是论域 U 上的模糊子集，满足 $\mu_A(x) = 1$ 的所有 x 组成的集合，即

$$A_1 = \mathrm{Ker}A = \{x \mid \mu_A(x) = 1\} \tag{2.3}$$

称为 A 的核（kernel），记为 A_1 或 $\mathrm{Ker}A$。

通常，将

$$A_\alpha = \{x \mid \mu_A(x) = \alpha\} \tag{2.4}$$

称为 α 水平（α-level）集合。为了避免个别字母重复出现，常用 λ 或 γ 等表示水平集合，也就是

$$A_\lambda = \{x \mid \mu_A(x) = \lambda\} \quad 或 \quad A_\gamma = \{x \mid \mu_A(x) = \gamma\}$$

定义 2.3（支集）　设 A 是论域 U 上的模糊子集，将 $\mu_A(x) > 0$ 的所有 x 组成集合，即

$$\mathrm{Supp}A = \{x \mid \mu_A(x) > 0\} \tag{2.5}$$

称为 A 的支集（support），记为 $\mathrm{Supp}A$。

当模糊集 $\mathrm{Ker}A \neq \varnothing$ 时，称 A 为正规模糊集。否则，称 A 是非正规模糊集，如图 2.2 所示。

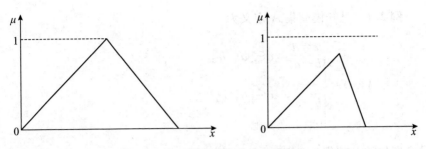

图 2.2　正规模糊集和非正规模糊集

当 α 从 1 变化到 0 时，A_α 从 $A_{\alpha=1}$ 开始不断扩大，使得进入集合的元素越来越多，最终达到 $\mathrm{Supp}A=\{x\,|\,\mu_A(x)>0\}$，这是隶属度大于 0 的元素的最大集合。

观察发现，模糊集 A 的 α 截集与支集的关系如图 2.3 所示。

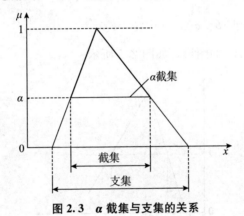

图 2.3　α 截集与支集的关系

此外，将 $\mathrm{Supp}A\text{-}\mathrm{Ker}A$ 称为 A 的边界。实际上，A 的边界可进一步分成左边界、右边界，如图 2.4 所示。

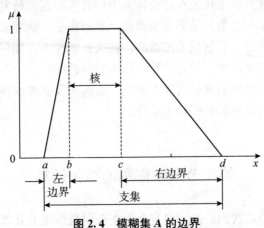

图 2.4　模糊集 A 的边界

例 2.1　已知模糊集 A 定义为

$$A(x)=\begin{cases}\dfrac{x-a}{b-a}, & x\in[a,b]\\[2mm]\dfrac{x-c}{b-c}, & x\in[b,c]\\[2mm]0, & \text{其他}\end{cases}$$

求模糊集的 α 截集 A_λ。

解：由题设 $y=\lambda$，首先考察 $x\in[a,b]$，$y=\dfrac{x-a}{b-a}$，整理得 $x=a+(b-a)\lambda$。

然后，考虑 $x\in[b,c]$，$y=\lambda$，$y=\dfrac{x-c}{b-c}$，得 $x=c+(b-c)\lambda$。所以

$$A_\lambda=[a+(b-a)\lambda,\ c+(b-c)\lambda]$$

因此，可以画出 A_λ 的图形，如图 2.5 所示。

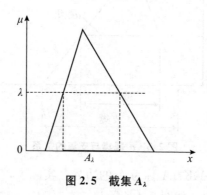

图 2.5　截集 A_λ

不论在自然科学中还是在社会科学中，有些问题的研究想要获得对象的准确数值（比如参数）是非常困难的。原因在于，研究者获得的观测对象数据经常是信息不完整或不准确的。在这种情况下，如何对这类非精确的系统参数进行建模呢？如何计算非精确的参数呢？

关于模糊数和模糊数据的深入研究，必然涉及更多的模糊集运算和统计计算。下面给出有关的模糊集运算。

第二节　模糊集的扩张运算

在第一章中，我们已经阐述至今为止应用最广泛的扎德算子，也就是

取极大算子（或最大算子，用 max 表示）和取极小算子（或最小算子，用 min 表示），常用 min 算子和 max 算子来表示。

很明显，隶属度函数是刻画模糊集的关键要素。因此，通过隶属度函数定义模糊集的运算并不奇怪。但是，研究者发现，取极大算子和取极小算子在具体应用中存在一个缺点，那就是计算算子时会遗失中间的重要信息，实际上中间信息在刻画事物发展状况时含有极为重要的信息，这就导致解决问题的方案脱离实际，甚至出现差错。

一、模糊集的交集和并集的其他定义

实际上，扎德在提出这对算子的概念时，就已经意识到缺失中间信息的问题。他认为，大量理由表明，应依据特定问题来选用不同的算子。于是，这就产生了新的问题：是否存在其他方式来研究和定义两个模糊集的交集和并集呢？

为了解决此问题，许多研究者深入探索和研究。Bellman 和 Giertz[6] 在 1973 年发表了论文《关于模糊集理论的解析形式》，从公理形式方面对这个问题进行了系统研究。他们从逻辑角度进行论证，将交集解释为"逻辑的和"，将并集解释为"逻辑的或"，同时将模糊集 A 解释为"元素 x 属于集合 A，它或多或少可以被接受"，他们的研究成果具有开创性的贡献。

下面简述他们的大致推理逻辑。考虑两个陈述 S 与 T，它们的真值分别是 μ_S 与 μ_T，其中 μ_S，$\mu_T \in [0, 1]$。这些陈述"和"与"或"组合的真实值分别为 $\mu(S\ 和\ T)$ 与 $\mu(S\ 或\ T)$，两者均来自区间 $[0, 1]$，分别被解释为交与并的隶属度函数的值，也就是 S 与 T。

现在寻找两个实值函数 f 与 g，使得

$$\mu_{S\ \text{and}\ T} = f(\mu_S,\ \mu_T)$$
$$\mu_{S\ \text{or}\ T} = g(\mu_S,\ \mu_T)$$

Bellman 和 Giertz 认为，对 f 与 g 施加下述几个合理限制：

（ⅰ）f 与 g 关于 μ_S 与 μ_T 均是非递减且连续的函数。

（ⅱ）f 与 g 均是对称的，也就是

$$f(\mu_S,\ \mu_T) = f(\mu_T,\ \mu_S)$$
$$g(\mu_S,\ \mu_T) = g(\mu_T,\ \mu_S)$$

（ⅲ）$f(\mu_S,\ \mu_S)$ 与 $g(\mu_S,\ \mu_S)$ 关于 μ_S 均是严格递增函数。

（ⅳ）$f(\mu_S,\ \mu_T) \leqslant \min(\mu_S,\ \mu_T)$，$g(\mu_S,\ \mu_T) \geqslant \max(\mu_S,\ \mu_T)$。这

意味着，接受陈述"S 和 T"为真所要求的更多，而接受陈述"S 或 T"为真所要求的比接受单独的 S 或 T 为真所要求的更少。

（ⅴ）$f(1, 1) = 1$ 且 $g(0, 0) = 0$。

（ⅵ）从逻辑上看，等价陈述必须具有相等的真值，具有相同内容的模糊集必须具有相同的隶属度函数，也就是

$$S_1 \text{ 和} (S_2 \text{ 或 } S_3)$$

等价于

$$(S_1 \text{ 和 } S_2) \text{ 或} (S_1 \text{ 和 } S_3)$$

因此，它们同时成立。

当对上述几个假设进行形式化，并用符号 $\wedge$ 表示"和（and）"（等价于交），用符号 $\vee$ 表示"或（or）"（等价于并）时，这些假设等价于下面 7 个限制，对于二元组 $\wedge$ 与 $\vee$，在闭区间 $[0, 1]$ 上施加两者的交换性质和结合性质，且有分配律，也就是

（1）$\mu_S \wedge \mu_T = \mu_T \wedge \mu_S$，$\mu_S \vee \mu_T = \mu_T \vee \mu_S$；

（2）$(\mu_S \wedge \mu_T) \wedge \mu_U = \mu_S \wedge (\mu_T \wedge \mu_U)$，$(\mu_S \vee \mu_T) \vee \mu_U = \mu_S \vee (\mu_T \vee \mu_U)$；

（3）$\mu_S \wedge (\mu_T \vee \mu_U) = (\mu_S \wedge \mu_T) \vee (\mu_S \wedge \mu_U)$，$\mu_S \vee (\mu_T \wedge \mu_U) = (\mu_S \vee \mu_T) \wedge (\mu_S \vee \mu_U)$；

（4）$\mu_S \wedge \mu_T$，$\mu_S \vee \mu_T$ 都是关于每个元素的连续且非递减函数；

（5）$\mu_S \wedge \mu_S$，$\mu_S \vee \mu_S$ 都是关于 μ_S 的严格递增函数（参看前面（ⅲ））；

（6）$\mu_S \wedge \mu_T \leqslant \min(\mu_S, \mu_T)$，$\mu_S \vee \mu_T \geqslant \max(\mu_S, \mu_T)$（参看前面（ⅳ））；

（7）$1 \wedge 1 = 1$，$0 \vee 0 = 0$（参看前面（ⅴ））。

Bellman 和 Giertz 从数学上进一步证明：

$$\mu_{S \wedge T} = \min(\mu_S, \mu_T)，\quad \mu_{S \vee T} = \max(\mu_S, \mu_T)$$

对于补集运算，可以合理地假定，如果陈述 S 是真的，则其补集"非 S"是假的，或者如果 $\mu_S = 1$，则 $\mu_{\text{non}S} = 0$，反之亦然。当用 h 表示交、并的补函数（类似于 f 和 g 的补函数）时，函数 h 也应该是连续且单调递减的，于是要求补集的补集是原命题，这样做是为了符合传统逻辑和集合理论。可是，这些要求仍然不足以唯一地确定补集的数学形式。此外，还要求 $\mu_{\bar{S}}(1/2) = 1/2$。

可以发现，取极大算子和取极小算子并不是模糊集的交集或并集运算的唯一算子。

二、t-模和t-余模

现在阐述和研究两类基本算子——t-模与t-余模，它们分别是模糊集交算子和并算子的推广，又称为三角模和余模算子。

t-模（t-norm）的概念最早源自 Menger 在 1942 年发表的论文《统计度量》，该论文打算构建度量空间，其中运用概率分布而不是数字来描述各自空间中两个元素之间的距离。后来其他研究者不断丰富和进一步发展出 t-模公理化系统公式。

下面给出 t-模与 t-余模（t-conorm）的概念，有时 t-余模又称为 s-模（s-norm）。

定义 2.4　t-模是指将 $[0, 1] \times [0, 1]$ 映射到 $[0, 1]$ 的且满足下面 4 个条件的二值函数：

(1) $t(0, 0) = 0$，$t(\mu_A(x), 1) = t(1, \mu_A(x)) = \mu_A(x)$，$\forall x \in X$；

(2) 如果 $\mu_A(x) \leqslant \mu_B(x)$ 且 $\mu_C(x) \leqslant \mu_D(x)$，则 $t(\mu_A(x), \mu_B(x)) = t(\mu_C(x), \mu_D(x))$（单调性）；

(3) $t(\mu_A(x), \mu_B(x)) = t(\mu_B(x), \mu_A(x))$（交换律）；

(4) $t(\mu_A(x), t(\mu_B(x), \mu_C(x))) = t(t(\mu_A(x), \mu_B(x)), \mu_C(x))$（结合律）。

这里函数 t 定义了模糊集的交集的一大类算子。特别地，t-模算子是满足结合律的（参看条件（4）），因此通过递归应用 t-模算子可计算两个以上模糊集的交集隶属度。

实际上，对于模糊集的并集，研究者提出了诸如取极大算子、代数和（扎德，1965）以及有界和（Giles，1976）等。

与交算子相对应，对于模糊集并算子来说，同样存在一类聚合算子，被称为三角余模或 s-模，又称 t-余模。这里经常称为 t-余模。上面所考虑的 max 算子、代数和、有界和都属于这一类。

定义 2.5　t-余模（又称 s-模）是指将 $[0, 1] \times [0, 1]$ 映射到 $[0, 1]$ 的且满足下面 4 个性质的二值函数：

(1) $s(1, 1) = 1$，$s(\mu_A(x), 0) = s(0, \mu_A(x)) = \mu_A(x)$，对于 $\forall x \in X$。

(2) 如果 $\mu_A(x) \leqslant \mu_B(x)$ 且 $\mu_C(x) \leqslant \mu_D(x)$，那么 $s(\mu_A(x), \mu_B(x)) = s(\mu_C(x), \mu_D(x))$（单调性）。

(3) $s(\mu_A(x), \mu_B(x)) = s(\mu_B(x), \mu_A(x))$（交换律）。

(4) $s(\mu_A(x), s(\mu_B(x), \mu_C(x))) = s(s(\mu_A(x), \mu_B(x)), \mu_C(x))$（结合律）。

注意，t-模与 t-余模在逻辑对偶性意义上是相关的。

Alsina[2] 将 t-余模定义为将 $[0，1]\times[0，1]$ 映射到 $[0，1]$ 的二值函数 s，同时满足下面定义的函数 t，即

$$t(\mu_A(x)，\mu_B(x))=1-s(1-\mu_A(x)，1-\mu_B(x))$$

是 t-模。因此，任何 t-余模都可利用这个变换生成 t 模。

通常，将 $[0，1]$ 上的二元算子称为模糊算子（fuzzy operator），那么 t-模与 t-余模本质上就是 $[0，1]$ 上的模糊算子。如果 $[0，1]$ 上的模糊算子是连续函数，那么称其为连续模糊算子。当 t-模与 t-余模是连续函数时，就称它们分别是连续 t-模与连续 t-余模。

倘若连续 t-模（或连续 t-余模）满足 $\forall x \in X, t(x，x)<x$（或 $s(x，x)>x$），则称 t（或 s）是阿基米德 t-模（或阿基米德 s-模）。

例 2.2 对于任意 $a，b \in [0，1]$，设 $a \wedge b=\min(a，b)$，$a \vee b=\max(a，b)$。可以证明，$\wedge$ 与 $\vee$ 分别是 $[0，1]$ 上的 t-模与 t-余模，$\wedge$ 与 $\vee$ 经常被称为扎德算子，它们正是前面所述的模糊集交集、并集运算的依据，从而将 t-模与 t-余模看成是对扎德算子的推广。

更一般地，Bonissone 和 Decker（1986）[8]证明，对于适当的补算子，比如模糊集补算子定义为 $n(\mu_A(x))=1-\mu_A(x)$，t-模和 t-余模满足下面德·摩根定律的推广：

$$s(\mu_A(x)，\mu_B(x))=n(t(n(\mu_B(x)))，n(\mu_B(x))) \tag{2.6}$$

$$t(\mu_A(x)，\mu_B(x))=n(s(n(\mu_B(x)))，n(\mu_B(x)))，x \in X \tag{2.7}$$

下面给出几个常用的非参数化 t-模和 t-余模的对偶算子：

（1）Drastic 和与 Drastic 积。下面是 Drastic 和定义：

$$s_w(\mu_A(x)，\mu_B(x))=\begin{cases} \max\{\mu_A(x)，\mu_B(x)\}，& \min\{\mu_A(x)，\mu_B(x)\}=0 \\ 0，& 其他 \end{cases} \tag{2.8}$$

而 Drastic 积的定义是

$$t_w(\mu_A(x)，\mu_B(x))=\begin{cases} \min\{\mu_A(x)，\mu_B(x)\}，& \max\{\mu_A(x)，\mu_B(x)\}=1 \\ 0，& 其他 \end{cases} \tag{2.9}$$

（2）有界差与有界和。有界差的定义是：

$$t_1(\mu_A(x)，\mu_B(x))=\max\{0，\mu_A(x)+\mu_B(x)-1\} \tag{2.10}$$

而有界和的定义是：

$$s_1(\mu_A(x), \mu_B(x)) = \min\{1, \mu_A(x) + \mu_B(x)\} \tag{2.11}$$

（3）Einstein 积与 Einstein 和。Einstein 积的定义是：

$$t_{1.5}(\mu_A(x), \mu_B(x)) = \frac{\mu_A(x) \cdot \mu_B(x)}{2 - [\mu_A(x) + \mu_B(x) - \mu_A(x) \cdot \mu_B(x)]} \tag{2.12}$$

而 Einstein 和的定义是：

$$s_{1.5}(\mu_A(x), \mu_B(x)) = \frac{\mu_A(x) + \mu_B(x)}{1 + \mu_A(x) \cdot \mu_B(x)} \tag{2.13}$$

（4）代数积与代数和。具体而言，代数积的定义如下：

$$t_2(\mu_A(x), \mu_B(x)) = \mu_A(x) \cdot \mu_B(x) \tag{2.14}$$

而代数和的定义是：

$$s_2(\mu_A(x), \mu_B(x)) = \mu_A(x) + \mu_B(x) - \mu_A(x) \cdot \mu_B(x) \tag{2.15}$$

（5）Hamacher 积与 Hamacher 和。下面给出 Hamacher 积的定义：

$$t_{2.5}(\mu_A(x), \mu_B(x)) = \frac{\mu_A(x) \cdot \mu_B(x)}{\mu_A(x) + \mu_B(x) - \mu_A(x) \cdot \mu_B(x)} \tag{2.16}$$

而 Hamacher 和的定义是：

$$s_{2.5}(\mu_A(x), \mu_B(x)) = \frac{\mu_A(x) + \mu_B(x) - 2\mu_A(x) \cdot \mu_B(x)}{1 - \mu_A(x) \cdot \mu_B(x)} \tag{2.17}$$

（6）min 算子与 max 算子。

$$t_3(\mu_A(x), \mu_B(x)) = \min\{\mu_A(x), \mu_B(x)\} \tag{2.18}$$

$$s_3(\mu_A(x), \mu_B(x)) = \max\{\mu_A(x), \mu_B(x)\} \tag{2.19}$$

如果对这些算子之间的关系加以排序，那么得到：

$$t_w \leqslant t_1 \leqslant t_{1.5} \leqslant t_2 \leqslant t_{2.5} \leqslant t_3$$

$$s_3 \leqslant s_{2.5} \leqslant s_2 \leqslant s_{1.5} \leqslant s_1 \leqslant s_w$$

实际上，从这个排序可以发现，对于 X 中任何模糊集 A 与 B，任何 t-模的交集算子的界均被取极小算子 t_w 限定，而 t-余模的界均被取极大

算子 s_w 限定，也就是

$$t_w(\mu_A(x), \mu_B(x)) \leqslant t(\mu_A(x), \mu_B(x)) \leqslant \min\{\mu_A(x), \mu_B(x)\}$$
$$\max\{\mu_A(x), \mu_B(x)\} \leqslant s(\mu_A(x), \mu_B(x)) \leqslant s_w(\mu_A(x), \mu_B(x)), \ x \in X$$

可以看出，前面介绍的算子类别比较多，在解决实际问题时，究竟运用哪种算子呢？一种可行的方法是考虑算子要适应的问题的背景，并满足特定问题的需求，上述算子无疑提供了多样化的选择。

第三节　参数化算子

鉴于现实问题的多样性和复杂性，利用模糊算子解决问题时可能需要对上述算子加以扩展，以便适应解决更广泛领域内的问题的需求。为此，许多研究者提出参数化的 t-模和 t-余模，一个特定的要求是满足结合律。

下面阐述一些常用的参数化算子，其中某些算子及其与逻辑"和"以及"或"的等价性分别从公理形式上得到了证明。

现在建立 Hamacher 算子所需的公理，目的是将 Bellman 和 Giertz 的（min/max）公理系统与 Hamacher 算子（本质上是积算子的族）的公理系统进行比较。

定义 2.6　设 A、B 是论域 X 中的两个模糊子集，A 与 B 的交算子定义为

$$A \bigcap B = \{(x, \mu_{A \cap B}(x)) \mid x \in X\} \tag{2.20}$$

其中

$$\mu_{A \cap B}(x) = \frac{\mu_A(x) \cdot \mu_B(x)}{\gamma + (1-\gamma)(\mu_A(x) + \mu_B(x) - \mu_A(x) \cdot \mu_B(x))}, \ \gamma \geqslant 0$$

这个定义是由 Hamacher 在 1978 年提出的，故称为 Hamacher 算子。

Hamacher 在考察"和"算子的数学模型的推导时，提出了如下基本公理：

（1）算子 $\wedge$ 满足结合律，即 $A \wedge (B \wedge C) = (A \wedge B) \wedge C$。

（2）算子 $\wedge$ 是连续的。

（3）算子 $\wedge$ 关于每个参数都是单射的，也就是

$$(A \wedge B) = (A \wedge C) \Rightarrow B = C$$
$$(A \wedge B) = (C \wedge B) \Rightarrow A = C$$

这是 Hamacher 算子公理和 Bellman-Giertz 公理的本质区别。

(4) $\mu_A(x)=1 \Rightarrow \mu_{A \wedge A}(x)=1$。

然后，证明存在函数 $f: \mathbb{R} \rightarrow [0, 1]$，满足

$$\mu_{A \wedge B}(x)=f(f^{-1}(\mu_A(x))+f^{-1}(\mu_B(x)))$$

如果 f 是 $\mu_A(x)$ 与 $\mu_B(x)$ 的有理函数，那么存在唯一可行算子，就是上面定义所给出的。当 $\gamma=1$ 时，这进一步简化成代数积。

定义 2.7　设 A、B 是论域 X 中的两个模糊子集，A 与 B 的并算子定义为

$$A \bigcup B=\{(x, \mu_{A \cup B}(x)) \mid x \in X\}$$

其中

$$\mu_{A \cup B}(x)=\frac{(\gamma'-1)\mu_A(x) \cdot \mu_B(x)+\mu_A(x)+\mu_B(x)}{1+\gamma'\mu_A(x) \cdot \mu_B(x)}, \quad \gamma' \geqslant -1$$

$$(2.21)$$

这个定义是由 Hamacher 在 1978 年提出的，故称为 Hamacher 算子。当 $\gamma'=0$ 时，Hamacher 并算子简化成代数和。

后来，Yager[64] 在 1980 年提出另一种三角模的算子族定义，具体定义如下。

定义 2.8　设 A、B 是论域 X 中的两个模糊集，A 与 B 的交算子定义为

$$A \bigcap B=\{(x, \mu_{A \cap B}(x)) \mid x \in X\}$$

其中

$$\mu_{A \cap B}(x)=1-\min\{1, ((1-\mu_A(x))^p+(1-\mu_B(x))^p)^{1/p}\}, \quad p \geqslant 1$$

$$(2.22)$$

此外，设 A、B 是论域 X 中的两个模糊子集，A 与 B 的并算子定义为

$$A \bigcup B=\{(x, \mu_{A \cap B}(x)) \mid x \in X\}$$

其中

$$\mu_{A \cup B}(x)=\min\{1, ((\mu_A(x))^p+(\mu_B(x))^p)^{1/p}\}, \quad p \geqslant 1 \quad (2.23)$$

这个定义是由 Yager 在 1980 年提出的，故称为 Yager 算子。当 $p \rightarrow \infty$ 时，交算子收敛于最小算子，并算子收敛于最大算子。

Dubois 和 Prade（1980，1982）也提出一种满足交换律、结合律参数化的聚合算子族，也就是下面给出的定义。

定义 2.9　设 A、B 是论域 X 中的两个模糊子集，A 与 B 的交算子定义为

$$A \cap B = \{(x,\ \mu_{A \cap B}(x)) \mid x \in X\}$$

其中

$$\mu_{A \cap B}(x) = \frac{\mu_A(x) \cdot \mu_B(x)}{\max\{\mu_A(x),\ \mu_B(x),\ \alpha\}},\ \alpha \in [0,\ 1] \tag{2.24}$$

这个定义是由 Dubois 和 Prade 在 1980 和 1982 年提出的，故称为 Dubois 和 Prade 交算子。

这个交算子关于 α 是递减的，同时位于 $\min\{\mu_A(x),\ \mu_B(x)\}$（这是 $\alpha = 0$ 时得到的运算）与代数积 $\mu_A(x)\mu_B(x)$（这是 $\alpha = 1$ 时的结果）之间，参数 α 是阈值，这是因为对于下面所定义的交算子的关系成立（参看 Dubois 和 Prade（1982）[20]）：

$$\mu_{A \cap B}(x) = \min\{\mu_A(x),\ \mu_B(x)\},\ \mu_A(x) \cdot \mu_B(x) \in [\alpha,\ 1] \tag{2.25}$$

$$\mu_{A \cap B}(x) = \frac{\mu_A(x)\mu_B(x)}{\alpha},\ \mu_A(x) \cdot \mu_B(x) \in [0,\ \alpha] \tag{2.26}$$

定义 2.10　设 A、B 是论域 X 中的两个模糊子集，A 与 B 的并算子定义为

$$A \cup B = \{(x,\ \mu_{A \cup B}(x)) \mid x \in X\}$$

这个定义是由 Dubois 和 Prade 在 1980 和 1982 年提出的，故称为 Dubois 和 Prade 并算子。

此外，Dubois 和 Prade 进一步提出如下算子：

$$\mu_{A \cup B}(x) = \frac{\mu_A(x) + \mu_B(x) - \mu_A(x) \cdot \mu_B(x) - \min\{\mu_A(x),\ \mu_B(x),\ 1 - \alpha\}}{\max\{1 - \mu_A(x),\ 1 - \mu_B(x),\ \alpha\}} \tag{2.27}$$

其中 $\alpha \in [0,\ 1]$。

迄今为止，上述几个算子都是将二值逻辑情况作为一种特殊情况。这就产生了一个问题：为什么在二值逻辑和传统集合理论中，交集（and）与并集（or）具有唯一定义，而在模糊集理论中却没有唯一定义，或者说能提出许多不同定义呢？

答案很简单，如果隶属度被限制为 0 或 1，那么许多算子（例如，

product 和 min 算子）将会得到完全相同的结果。如果不加这个限制，那么许多算子将导致各种不同结果。

第四节　平均算子

虽然上面的问题得到了回答，但却产生了另一个问题：除了上述几种方法外，对模糊集交集或并集进行"组合"或聚合是否存在其他可能的聚合方法？这一节将围绕此问题进一步分析和讨论。

对逻辑"和"与"或"的运算概念进行推广，曾经是研究模糊集运算的专题之一，这方面最有典型代表性的推广就是"模糊和"（fuzzy and）与"模糊或"（fuzzy or）运算，后来得到进一步发展。这些广义算子能够组合模糊集和模糊语句，并且将以往的逻辑"和"以及逻辑"或"作为一般情况的特殊形式。

对于决策分析、模糊集理论的应用来说，这类算子是十分重要的，特别是在不区分模糊集的交集和并集意义上更具有一般特征。正因为如此，这类交和并的运算被统称为组合模糊集或聚合模糊集（aggregating fuzzy set），所得到的模糊集被称为聚合集（aggregated set）。

在决策分析领域，聚合模糊集的直接方法是利用效用理论，尤其是在多准则决策理论当中，经常用聚合方法来解决实际问题。这些方法能够在允许补偿条件下，对冲突目标加以权衡，所得到的权衡值介于最乐观下界和最悲观上界之间，即将它们映射到聚合集最小隶属度和最大隶属度之间。因此，将这类算子称为平均算子（averaging operators）。

此外，诸如加权算术、非加权算术或几何平均值之类的算子就是非参数平均算子的例子。事实上，在决策分析和应用中，用聚合方法所得到的模型能够充分满足解决问题的需求，而且在实证上表现得相当好。

一、"模糊和"与"模糊或"算子

Werners 在 1984 年提出"模糊和"与"模糊或"的聚合模糊算子，这两个算子分别将取极小算子和取极大算子与算术平均结合起来。将这些算子结合起来得到了比较新颖的算子。这个新颖的算子导致了经验数据拟合效果有非常好的结果，同时还允许在聚合集的隶属度之间进行补偿。

定义 2.11（"模糊和"算子）设 X 是论域，A、B 是 X 中的任意两个模糊子集，也就是 $A，B \in X$，对于 $x \in X$，$\gamma \in [0，1]$，将"模糊和"

算子定义为

$$\mu_{\widehat{and}}(\mu_A(x), \mu_B(x)) = \gamma \cdot \min\{\mu_A(x), \mu_B(x)\}$$
$$+ \frac{(1-\gamma)(\mu_A(x), \mu_B(x))}{2} \qquad (2.28)$$

定义 2.12（"模糊或"算子） 设 X 是论域，A、B 是 X 中的任意两个模糊子集，也就是 A，$B \in X$，对于 $x \in X$，$\gamma \in [0, 1]$，将"模糊或"算子定义为

$$\mu_{\widetilde{or}}(\mu_A(x), \mu_B(x)) = \gamma \cdot \max\{\mu_A(x), \mu_B(x)\}$$
$$+ \frac{(1-\gamma)(\mu_A(x), \mu_B(x))}{2} \qquad (2.29)$$

其中参数 γ 分别表示"模糊和"与"模糊或"的严格逻辑意义上的接近程度。

当 $\gamma = 1$ 时，"模糊和"变成取极小算子，而"模糊或"变成取极大算子。当 $\gamma = 0$ 时，产生两个算术平均数。

此外，还存在其他的平均聚合方法，比如对称和算子。与算术平均算子或几何平均算子一样，它表示某种程度的补偿，但与后者相反，它不满足结合性。

对称和算子的例子包括 M_1、M_2 以及 N_1、N_2，它们分别称为对称和与对称差。它们对于两个模糊子集 A 和 B 的聚合是采用逐点定义的，即

$$N_2(\mu_A(x), \mu_B(x)) = \frac{\mu_A(x) + \mu_B(x) - \mu_A(x) \cdot \mu_B(x)}{1 + \mu_A(x) + \mu_B(x) - 2\mu_A(x) \cdot \mu_B(x)}$$
$$\qquad (2.30)$$

$$M_2(\mu_A(x), \mu_B(x)) = \frac{\mu_A(x) \cdot \mu_B(x)}{1 - \mu_A(x) - \mu_B(x) - 2\mu_A(x) \cdot \mu_B(x)}$$
$$\qquad (2.31)$$

$$N_1(\mu_A(x), \mu_B(x)) = \frac{\max\{\mu_A(x), \mu_B(x)\}}{1 + |\mu_A(x) - \mu_B(x)|} \qquad (2.32)$$

$$M_1(\mu_A(x), \mu_B(x)) = \frac{\min\{\mu_A(x), \mu_B(x)\}}{1 - |\mu_A(x) - \mu_B(x)|} \qquad (2.33)$$

上面提到的平均算子表示逻辑"和"与逻辑"或"之间的"固定"补偿。有时，为了描述决策环境中存在的各种不同现象，需要具有不同补偿的算子。Zimmermann 和 Zysno（1980）提出更一般的算子，即用参数 γ 表示交集和并集之间的补偿，并用"补偿和"来命名，然后进行实证检

验。下面首先给出补偿和算子的定义。

定义 2.13（补偿和算子） 设 X 是论域，A、B 是 X 中的任意两个模糊子集，也就是 A，$B \in X$，对于 $x \in X$，$\gamma \in [0, 1]$，将"补偿和"算子定义为

$$\mu_{A,comp}(x) = \left(\prod_{i=1}^{m} \mu_i(x)\right)^{1-\gamma} \left(1 - \prod_{i=1}^{m}(1 - \mu_i(x))\right)^{\gamma}$$

$$(2.34)$$

这里"γ 算子"很明显是代数积（对于逻辑"和"建模）和代数和（对于逻辑"或"建模）的组合。它是点态单射（除了在 0 和 1 处），是连续的、单调的、可交换的，它也满足德·摩根定律，符合二元逻辑的真值表，其中参数指明了实际算子位于逻辑"和"和"或"之间的位置。

其他研究者沿着参数化补偿思想提出了如下算子：通过运用非补偿算子的线性凸组合来定义逻辑"和"和"或"。比如，两个模糊集 A 和 B 的聚合算子是通过取极小算子和取极大算子的凸组合给出的，也就是对于 $\gamma \in [0, 1]$

$$\mu_1(\mu_A(x), \mu_B(x)) = \gamma \cdot \min\{\mu_A(x), \mu_B(x)\}$$
$$+ (1-\gamma) \cdot \max\{\mu_A(x), \mu_B(x)\} \quad (2.35)$$

还存在其他形式的聚合算子，例如将代数积与代数和相结合，得到如下算子：对于 $\gamma \in [0, 1]$

$$\mu_2(\mu_A(x), \mu_B(x)) = \gamma \cdot \mu_A(x) \cdot \mu_B(x) + (1-\gamma) \cdot$$
$$[\mu_A(x) + \mu_B(x) - \mu_A(x) \cdot \mu_B(x)]$$

$$(2.36)$$

这类算子符合二值逻辑的真值表。但是 Zimmermann 和 Zysno（1980）已经证明：与这些算子相比，"补偿和"算子更适合人们的决策。

二、t-模、t-余模和平均算子的关系

前面已经阐述了 t-模、t-余模和平均算子，那么这三者之间有什么关系呢？图 2.6 给出了两个模糊集 A 和 B 的三类不同聚合算子之间的关系。

另一个值得考虑的问题是，能否依据补偿算子和非补偿算子的概念对前面所介绍的聚合算子进行分类呢？

实际上，对上述几类算子可依据是否属于补偿算子和非补偿算子进行分类，分类情况如表 2.1 所示。

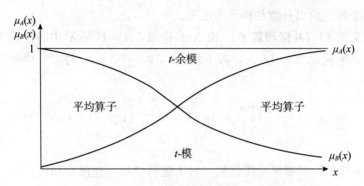

图 2.6　t-模、t-余模和平均算子的关系

表 2.1　补偿算子和非补偿算子的分类

算子	区分算子	一般算子
补偿	模糊和 模糊或	补偿和 min 与 max 的凸组合 对称和 平均算子
非补偿	t-余模 t-余模 min max	

　　类似地，能否用 t-模、t-余模和平均算子对前面介绍的算子进行分类呢？这里表 2.2 给出了本章所述的模糊集聚合算子的分类，以及提出者的信息。表 2.3 则给出了参数化算子族和 t-模之间的关系，以及它们的参数特殊值的 t-余模。

表 2.2　聚合算子的类型

提出者	交算子（t-模）	平均算子	并算子（t-余模）
	非参数化		
Zadeh，1965 Giles，1976 Dubois 和 Pradesh，1980，1982 Dubois 和 Pradesh，1984	极小代数积 有界和 drastic 积	算术平均 几何平均	极大代数积 有界差 drastic 和

续表

提出者	交算子（t-模）	平均算子	并算子（t-余模）
	参数化		
Hamacher，1978 Werners，1984	Hamacher 交	模糊和，模糊或 代数积，代数和 OWA 算子	Hamacher 并

表 2.3　参数化算子及其参数、t-模/t-余模之间的关系

	t-模与t-余模						
参数化算子	积　和	和　差	积　和	积　和	积　和	min max
Hamacher 交 并	$\gamma\to\infty$ $\gamma'\to\infty$		$\gamma=2$ $\gamma'=1$	$\gamma=1$ $\gamma'=0$	$\gamma=0$ $\gamma'=1$	
Yagers 交 并	$p\to\infty$ $p\to\infty$	$p=1$ $p=1$				$p\to\infty$ $p\to\infty$
Dubois 交 并				$\alpha=1$ $\alpha=1$		$\alpha=0$ $\alpha=0$

第五节　有序加权平均算子

尽管前一节所讨论的平均算子是一类常用算子，但是还有一类加权平均（weighted average，WA）算子也是文献中常见的聚合算子，它不仅广泛应用于统计、经济领域，而且应用于工程等方面解决各种不同问题。

与此同时，另一类有意思的聚合算子是有序加权平均（ordered weighted averaging，OWA）算子，这是 Yager 在 1988 年的论文《多准则决策中的有序加权平均聚合算子》中提出的[65]。OWA 算子提供了参数化的 min 和 max 之间的聚合算子族。它可以定义如下。

定义 2.14　n 维有序加权平均算子（OWA 算子）是一个映射$\mathbb{R}^n\to\mathbb{R}$，具有 n 维相关的权重向量 W，W 的元素满足$w_j\in[0,1]$，$\sum_{j=1}^{n}w_j=1$，使得

$$OWA(a_1, a_2, \cdots, a_n) = \sum_{j=1}^{n} w_j b_j \qquad (2.37)$$

其中 b_j 表示 a_i 中第 j 个最大值。

有序加权平均算子的许多不同性质得到了深入研究，比如降序和升序之间的区别、刻画权重向量的不同测度，还有不同 OWA 算子族。需要强调的是，它满足交换律，而且是单调的、有界的、幂等的。

下面给出加权平均算子（WA）的定义。

定义 2.15 n 维加权平均算子（WA 算子）是一个映射：$\mathbb{R}^n \rightarrow \mathbb{R}$，具有相关的权重向量 W，W 的元素满足 $w_j \in [0, 1]$，$\sum_{j=1}^{n} w_j = 1$，使得

$$WA(a_1, a_2, \cdots, a_n) = \sum_{j=1}^{n} w_j a_i \qquad (2.38)$$

其中 a_i 表示参数变量。

WA 算子具有聚合算子的一般性质。有关 WA 算子的不同扩展目前正处于发展之中。

近来研究者提出了有序加权平均-加权平均（ordered weighted averaging-weighted averaging，OWAWA）算子，这是一类比较新的算子，它将 OWA 算子与 WA 算子统一在一个公式中。因此，这两个概念被看成是更一般概念的特殊情况。这种方法看起来更加完整，至少可作为 OWA 算子和 WA 算子之间最初的真正统一。WOWA 算子也被看成是在有不确定性（用 OWA 算子刻画）和风险性（用概率表示）的决策问题之间的统一。

注意，以前的一些模型考虑在相同公式中使用 OWA 算子和 WA 算子的可能性。主要模型为加权 OWA（weighted OWA，WOWA）算子和混合平均（hybrid averaging，HA）算子。虽然这似乎是一个很好的方法，但它们没有 OWAWA 那么完整，这是因为它们可以在同一模型中统一 OWA 算子和 WA 算子，但不能考虑每一种情况在聚合过程中的重要程度。

下面分析和阐述 OWAWA 算子，它的具体定义如下。

定义 2.16 n 维有序加权平均-加权平均（OWAWA）算子是一个 $\mathbb{R}^n \rightarrow \mathbb{R}$ 的映射，它具有 n 维相关的权重向量 W，W 的元素满足 $w_j \in [0, 1]$ 且 $\sum_{j=1}^{n} w_j = 1$，使得

$$OWAWA(a_1, a_2, \cdots, a_n) = \sum_{j=1}^{n} \hat{v}_j b_j \qquad (2.39)$$

其中 b_j 表示 a_i 的第 j 个最大值，每个参数 a_i 都具有相关权重（WA）v_j，

满足 $\sum_{j=1}^{n} v_j = 1$ 且 $v_j \in [0, 1]$，其中 $v_j = \beta w_j + (1-\beta)v_j$，$\beta \in [0, 1]$，$v_j$ 是依据 b_j 排序的权重 $(WA)v_j$，即依据 a_i 中的第 j 个最大值。

注意，存在一种可能性，即 OWAWA 算子能够将严格影响 OWA 算子的部分和影响 WA 算子的部分分离出来。这种表示法对于在同一公式中看到两个模型是有用的，但它似乎不是统一两个模型的唯一方程。

下面给出另一种等价形式的 OWAWA 算子的定义。

定义 2.17　n 维 OWAWA 算子是一个 $\mathbb{R}^n \rightarrow \mathbb{R}$ 的映射，它具有 n 维相关的权重向量 W，W 的元素满足 $w_j \in [0, 1]$ 且 $\sum_{j=1}^{n} w_j = 1$，同时还存在一个影响 WA 算子的权重向量 V，V 的元素满足 $\sum_{i=1}^{n} v_i = 1$ 且 $v_i \in [0, 1]$，使得

$$OWAWA(a_1, a_2, \cdots, a_n) = \beta \sum_{j=1}^{n} w_j b_j + (1-\beta) \sum_{j=1}^{n} v_i a_i$$

$$(2.40)$$

其中 b_j 表示参数 a_i 中的第 j 个最大值，$\beta \in [0, 1]$。

下面举一个简单例子，说明如何使用 OWAWA 算子进行聚合，特别考察两种定义聚合的结果是否相同。

例 2.3　假设聚合过程中有下面的参数：$(30, 50, 20, 60)$。设权重向量 $W = (0.2, 0.2, 0.3, 0.3)$，同时概率权重向量 $V = (0.3, 0.2, 0.4, 0.1)$。

注意，WA 算子的重要程度为 70%，而 OWA 算子的权重向量 W 的重要程度为 30%。如果想利用 OWAWA 算子聚合这些信息，那么得到如下结果。

用定义式（2.39）或式（2.40）进行计算。用式（2.39）计算新的权重向量为：

$$\hat{v}_1 = 0.3 \times 0.2 + 0.7 \times 0.1 = 0.13$$

$$\hat{v}_2 = 0.3 \times 0.2 + 0.7 \times 0.2 = 0.20$$

$$\hat{v}_3 = 0.3 \times 0.3 + 0.7 \times 0.3 = 0.30$$

$$\hat{v}_4 = 0.3 \times 0.3 + 0.7 \times 0.4 = 0.37$$

然后，计算聚合的过程是

$$OWAWA = 0.13 \times 60 + 0.2 \times 50 + 0.3 \times 30 + 0.37 \times 20 = 34.2$$

利用式（2.40），计算聚合的过程如下：

$$OWAWA = 0.3 \times (0.2 \times 60 + 0.2 \times 50 + 0.3 \times 30 + 0.3 \times 20)$$
$$+ 0.7 \times (0.3 \times 30 + 0.2 \times 50 + 0.4 \times 20 + 0.1 \times 60)$$
$$= 34.2$$

很明显，利用这两种方法所得的结果是完全相同的。

当从广义重新排序步骤角度来看时，利用 $w_j = w_{n-j+1}^*$ 可区分降序 OWAWA（DOWAWA）算子和升序 OWAWA（AOWAWA）算子，其中 w_j 表示 DOWAWA 算子的第 j 个权值，w_{n-j+1}^* 表示 AOWAWA 算子的第 j 个权值。

如果 B 是对应有序参数 b_j 的向量，则称之为有序参数向量，W^T 表示权重向量的转置，那么可将 OWAWA 算子表示成：

$$OWAWA(a_1, a_2, \cdots, a_n) = W^T B \tag{2.41}$$

注意，如果权重向量没有归一化，即 $W = \sum_{j=1}^n w_j \neq 1$，则 OWAWA 算子可表示为

$$OWAWA(a_1, a_2, \cdots, a_n) = \frac{1}{W} \sum_{j=1}^n \hat{v}_j b_j \tag{2.42}$$

深入研究 OWAWA 算子可以发现，它是单调的、可交换的、有界的、幂等的。它是单调的，因为如果对于所有 a_i，$a_i \geqslant u$，那么

$$OWAWA(a_1, a_2, \cdots, a_n) \geqslant OWAWA(u_1, u_2, \cdots, u_n)$$

它是可交换的，因为参数的任何排列都有相同的计算结果，即

$$OWAWA(a_1, a_2, \cdots, a_n) = OWAWA(u_1, u_2, \cdots, u_n)$$

其中 $(u_1, u_2, \cdots, u_n)$ 表示参数 $(a_1, a_2, \cdots, a_n)$ 的任何排列。它是有界的，因为 OWAWA 聚合是由 min 和 max 分隔的，也就是

$$\min\{a_i\} \leqslant OWAWA(a_1, a_2, \cdots, a_n) \leqslant \max\{a_i\}$$

此外，它是幂等的，因为如果 $a_i = a$，那么对于所有 a_i，$OWAWA(a_1, a_2, \cdots, a_n) = a$。

对于式（2.40），通过分析 β 系数可以发现，OWAWA 算子存在两种主要情况：如果 $\beta = 0$，那么可以得到 WA 算子；如果 $\beta = 1$，那么可以得到 OWA 算子。

注意，如果对于所有 i，$v_i = 1/n$，那么可以得到算术均值（或简单均值）以及 OWA 算子之间的统一。

通过选择 OWAWA 算子中权重向量的各种不同表现形式，可以得到

不同聚合算子类型。例如，可获得部分 max、部分 min、部分平均和部分加权平均。

下面给出几点说明。

第一，对于所有 $j \neq 1$，当 $w_1 = 1$ 且 $w_j = 0$ 时，得到部分 max 算子。而对于所有 $j \neq n$，当 $w_n = 1$ 且 $w_j = 0$ 时，得到部分 min 算子。更一般地，对于所有 $j \neq k$，当 $w_k = 1$ 且 $w_j = 0$，得到 step-OWAWA 算子。注意，如果 $k = 1$，那么 step-OWAWA 算子转化为部分 max 算子，如果 $k = n$，step-OWAWA 变成部分 min 算子。

第二，对于所有 j，当 $w_j = 1/n$ 时，可以得到部分平均算子；当 i 的有序位置与 j 的有序位置相同时，得到部分加权平均算子。

第三，另一个运用的聚合算子族是中心 OWAWA 算子。如果 OWAWA 算子是对称的、强衰减的和包含的，那么可将它定义为中心聚合算子。注意，这些性质必须针对 OWAWA 算子的权重向量 W 才是成立的，但对 WA 算子的权重向量 V 不一定能成立。如果 $w_j = w_{j+n-1}$，那么它是对称的。当 $i < j \leqslant (n+1)/2$ 时，有 $w_i < w_j$，而且当 $i > j \geqslant (n+1)/2$ 时，有 $w_i < w_j$。如果 $w_j > 0$，那么它将包含在内。

注意，可以通过用 $w_i \leqslant w_j$ 代替 $w_i < w_j$ 来考虑弱化第二个条件，也可以去除第三个条件，我们将其称为非包容性的中心 OWAWA 算子。

第四，对于中值 OWAWA 算子，如果 n 是奇数，则指定 $w_{(n+1)/2} = 1$，而且对于所有其他情况，指定 $w_{j^*} = 0$。如果 n 是偶数，那么指定 $w_{n/2} = w_{(\frac{n}{2})+1} = 0.5$，同时对于所有其他情况，指定 $w_{j^*} = 0$。对于加权中值 OWAWA 算子，选择如下参数 b_k，它具有第 k 个最大参数，使得从 1 到 k 的权重之和等于或大于 0.5，同时从 1 到 $k-1$ 的权值之和小于 0.5。

第六节　选择算子的准则

对于聚合模糊集算子来说，存在不同类型。考虑到实际应用中需要特定模型，究竟选择和运用哪一类算子呢？换句话说，对于特定的应用背景，是否存在某些准则或规则有助于选取合适的算子类型呢？

依据算子的不同特性，结合应用背景，存在下面几个基本准则。对于这些准则，最好不要完全割裂开来，有时需要综合几个准则来考虑，这有助于选择更为适宜的算子类型。

（1）公理化程度：前面列出了 Bellman-Giertz 算子和 Hamacher 算子

所需要满足的公理。很明显，在其他条件相同的情况下，算子需要满足的公理条件限制越少，算子就表现得越好。

（2）经验拟合程度：对于实际问题或研究系统，当运用模糊集理论作为建模语言时，重要的是不仅包括算子满足某些公理或具有某些性质（诸如结合律、交换律），这从数学角度来看是必须的，而且算子要适用于所研究系统的行为模型，这一点通常只能通过实证检验来证明。

（3）适应性：选择聚合算子的类型时，要依赖于应用背景的上下文和语义解释，也就是聚合模糊集本质上是对人类决策、模糊控制器、医疗诊断系统，以及模糊逻辑中特定推理规则进行建模。如果研究者要用非常少的算子来模拟许多情况，那么这些算子必须适应应用背景。例如，这可通过参数化来实现。Yager 算子或 γ 算子就是通过设置适当的 p 或 γ 来适应特定的背景，而 OWA 算子则是通过选择适当的权重向量来适应特定的背景。

当然，min 算子与 max 算子根本无法适应复杂的情况，不过这两个算子具有自己的优势，那就是计算效率高，如果真想用它们，也必须在适应问题的背景下，并且别无其他选择时才能运用。

（4）计算难易度：如果将 min 算子与 Yager 交算子或 γ 算子进行比较，就可以发现后两个算子的计算量比前者多得多。在实际应用中，尤其是当考虑的问题很大时，这一点可能显得非常重要。

（5）补偿性：逻辑"和"根本没有考虑到补偿，也就是两个集合交集的元素不能用属于另一个集合的比较高的程度来补偿属于其中一个集合的比较低的程度。在二元逻辑中，当用"和"组合两个陈述时，不能用有较高真值的陈述来补偿另一个有较低真值的陈述。

一方面，通过补偿，在聚合模糊集算子的背景下，给定聚合模糊集的隶属度是

$$\mu_{Agg}(x)=f(\mu_A(x_k),\ \mu_B(x_k))=k$$

如果在不同 $\mu_A(x_k)$ 条件下，通过改变 $\mu_B(x_k)$ 可获得 $\mu_{Agg}(x)=k$，则 f 就是补偿。因此，min 算子不是补偿算子，而积算子、γ 算子等是补偿算子。

另一方面，如果用 min 算子与 max 算子的凸组合，则很明显是在极小和极大之间进行补偿。积算子允许在开区间（0，1）内进行补偿。一般来说，补偿范围越大，补偿算子就会表现得越好。

（6）聚合特性：如果考虑正规或次正规模糊集，则聚合集的隶属度经

常取决于聚合集合的数量。例如，如果用积算子聚合模糊集，那么每增加一个模糊集通常会降低最终的聚合隶属度。这可能是一种理想特性，但也可能是不恰当的。

（7）测度信息尺度水平：用什么尺度水平（比如名义尺度、区间值、比率或绝对量来表示隶属度信息），取决于许多因素。不同算子可能需要用不同尺度水平的隶属度信息。例如，min 算子运用有序信息是可行的，严格地说，积算子则不能用。

通常，在所有其他条件相同的情况下，从收集信息角度来看，运用尺度水平越低的算子，越会受到使用者的偏爱。

第三章　扩张原理与模糊数据

第一节　扩张原理

　　为了研究经典集合理论和模糊集合理论之间的关系，有必要将经典集合理论的概念扩展到模糊集合理论。扎德提出的扩张原理（extension principle），是将非模糊数学概念扩展为模糊数学概念的基本思想之一。

　　扎德的扩张原理，顾名思义，是将经典集合理论的典型运算推广到模糊集合理论的一种方法。它提供了计算模糊集元素隶属度的一种框架，另外也是计算生成模糊集的一种方法，或者说是生成获得模糊集函数的方法。

　　设函数 f 是一个从 $X \rightarrow Y$ 的映射，扩张原理阐明了将函数 f 作用于 X 的模糊子集时，如何计算 X 的图像。我们期望这个图像是 Y 的模糊子集。

　　定义 3.1（扩张原理）　设 f 是从 $X \rightarrow Y$ 的映射，设 A 是 X 的模糊子集。对 f 的扎德扩张是函数 f 作用于 A，给出 Y 的模糊子集 $F(A)$，其隶属度函数是

$$\mu_{f(A)}(y)=\begin{cases}\sup\limits_{f^{-1}(y)}\mu_A(x), & f^{-1}(y)\neq\varnothing \\ 0, & f^{-1}(y)=\varnothing\end{cases} \tag{3.1}$$

其中将 F 称为由 f 诱导出的扩张函数，简称诱导函数，$f^{-1}(y)=\{x: f(x)=y\}$ 是 y 的原像，如图 3.1 所示。

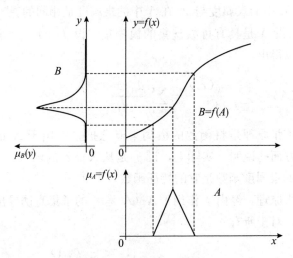

图 3.1 模糊集的扩张原理

注意，如果 f 是双射函数，那么

$$\{x: f(x)=y\}=\{f^{-1}(y)\}$$

其中 f^{-1} 表示 f 的逆函数。因此，如果 A 是 X 的模糊子集，其隶属度函数为 μ_A，同时 f 是双射，则 F(A) 的隶属度函数是

$$\mu_{F(A)}(y)=\sup_{\{x: f(x)=y\}}\mu_A(x)=\sup_{\{x: f^{-1}(y)\}}\mu_A(x)=\mu_A(f^{-1}(y)) \tag{3.2}$$

如何构造 f 的扩张 F 图？如图 3.1 所示，其中运用了双射函数 f。

特别地，如果 f 是单射函数，则 $y=f(x)$ 属于模糊子集 F(A)，其隶属度与 x 属于 A 的隶属度相同。如果 f 不是单射函数，那么这种情况可能就不会发生。

一、单变量情况

设 $f: X\to Y$ 是单射函数，A 是 X 的有限模糊子集或可数模糊子集，并由下式给出

$$A=\sum_{i=1}^{\infty}\mu_A(x_i)/x_i$$

利用扩张原理可确定 $F(A)$ 是 Y 的模糊子集，这由下式得出

$$\mu_{F(A)} = F\Big(\sum_{i=1}^{\infty} \mu_A(x_i)/x_i\Big) = \sum_{i=1}^{\infty} \mu_A(x_i)/f(x_i)$$

因此经由 F 可以得出 A 的像，就是通过 f 得到 x_i 的像。注意，$y_i = f(x_i)$ 在 $F(A)$ 中的隶属度与 x_i 在 A 中的隶属度是相同的。

例 3.1　设 A 是具有可数支集的模糊集，设 $f(x) = x^2$ 且 $x \geqslant 0$，由扩张原理可以得出

$$F(A) = \sum_{i=1}^{\infty} \frac{\mu_A(x_i)}{f(x_i)} = \sum_{i=1}^{\infty} \frac{\mu_A(x_i)}{x_i^2}$$

注意，扩张原理是将函数的模糊集概念扩张应用于 X 的经典子集。下面给出这方面的说明。实际上，设 f 是从 $X \rightarrow Z$ 的函数，A 是 X 的经典子集，A 的隶属度函数是它的特征函数。

利用扩张原理，经由 f 作用于 A（A 是 X 的子集）诱导出 $F(A)$，它是特征函数：对于所有 z

$$\mu_{F(A)}(z) = \sup_{\{x:f(x)=z\}} I_A(x) = \begin{cases} 1, & z \in f(A) \\ 0, & z \notin f(A) \end{cases} \tag{3.3}$$
$$= I_{f(A)}(z)$$

很明显，模糊集 $F(A)$ 的隶属度函数就是明确 $f(A)$ 的特征函数，即模糊集 $F(A)$ 与经典集 $f(A)$ 重合：

$$F(x) = f(A) = \{f(a) : a \in A\}$$

由上式可以看出，当 A 是经典集合时，$F(A)$ 像是清晰的，即每个 $f(a)$ 都属于 $f(A)$，隶属度为 1，因此无需式（3.1），如图 3.2 所示。

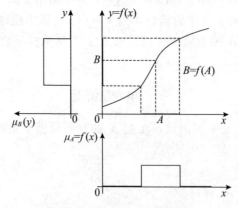

图 3.2　经典集合的扩张原理

注意，如果 A 是经典集合，那么对于所有 $\alpha \in [0, 1]$，$A[\alpha] = A$。因此

$$F(A)[\alpha] = f(A)[\alpha] = f(A) = f(A[\alpha])$$

回顾，对于 $\alpha = 0$，这表示 $A[0]$ 是 A 的闭集，也就是说，如果 X 是拓扑空间，那么最小的闭集 $A[0]$ 是包含 A 支集的最小闭集。这个结果也可以应用到 X 的模糊子集上，这里称之为定理 3.1。

定理 3.1 设 $f: X \rightarrow Y$ 是连续函数，A 是 X 的模糊子集，对于所有 $\alpha \in [0, 1]$，有如下等式

$$F(A)[\alpha] = f(A[\alpha]) \tag{3.4}$$

这个结果表明，用扩张原理得到的模糊集的 α 截集与用明确函数得到的 α 截集的图像是一致的，证明此定理将运用 Weierstrass 定理，参看 [54]。

例 3.2 设 A 是实数 $\mathbb{R}$ 中的模糊集，其隶属度函数为

$$\mu_A(x) = \begin{cases} 4(x - x^2)^2, & x \in [0, 1] \\ 0, & x \notin [0, 1] \end{cases}$$

A 的 α 截集是如下区间

$$A[\alpha] = \left[\frac{1}{2}(1 - \sqrt{1-\alpha}), \ \frac{1}{2}(1 + \sqrt{1-\alpha}) \right]$$

现在考虑当 $x \geqslant 0$ 时，实函数 $f(x) = x^2$，由于 f 是递增函数，所以有

$$f(A[\alpha]) = \left[f(\frac{1}{2}(1 - \sqrt{1-\alpha})), \ f(\frac{1}{2}(1 + \sqrt{1-\alpha})) \right]$$

$$= \left[\frac{1}{4}(1 - \sqrt{1-\alpha})^2, \ \frac{1}{4}(1 + \sqrt{1-\alpha})^2 \right]$$

$$= F(A)[\alpha]$$

图 3.3 给出了模糊子集 $F(A)$ 的隶属度函数。

二、多元变量情况

下面阐述二元变量函数的扩张原理。

定义 3.2 设 $f: X \times Y \rightarrow Z$ 是二元变量函数，A 和 B 分别是 X 和 Y 的模糊子集，将 f 的扩张函数应用于模糊子集 A 和 B，则得到下面的模糊集

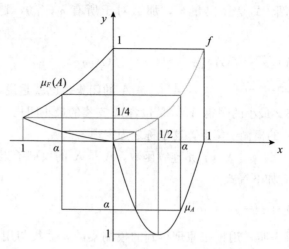

图 3.3　模糊子集 $F(A)$ 的隶属度函数

$$\mu_{F(A,B)}(z)=\begin{cases}\sup\limits_{f^{-1}(z)}\min[\mu_A(x),\ \mu_B(x)], & f^{-1}(z)\neq\varnothing\\0, & f^{-1}(z)=\varnothing\end{cases}\tag{3.5}$$

其中 $f^{-1}=\{(x,\ y):f(x,\ y)=z\}$。

例 3.3　设 f：$\mathbb{R}\times\mathbb{R}\to\mathbb{R}$ 是二元变量函数，$f(x,\ y)=x+y$。考察 $\mathbb{R}$ 的有限模糊子集 A，B，其中 A，B 定义如下：

$$A=\frac{0.4}{3}+\frac{0.5}{4}+\frac{1}{5}+\frac{0.5}{6}+\frac{0.2}{7}$$

$$B=\frac{0.2}{6}+\frac{0.5}{7}+\frac{1}{8}+\frac{0.5}{9}+\frac{0.2}{10}$$

计算 $z=10$ 位于 $F(A,\ B)$ 中的隶属度

$$\begin{aligned}\mu_{F(A,B)}(10)&=\sup_{\langle x+y=10\rangle}\min[\mu_A(x),\ \mu_B(x)]\\&=\max\{\min[\mu_A(3),\ \mu_B(7)],\ \min[\mu_A(4),\ \mu_B(6)]\}\\&=\max\{0.4,\ 0.2\}=0.4\end{aligned}$$

实际上，扩张原理可进一步推广到 n 元变量函数，具体如下。

定义 3.3　设 f 是从 $X_1\times X_2\times\cdots\times X_n\to V$ 的 n 元变量函数，设 A_1，A_2，$\cdots$，A_n 分别是 X_1，X_2，$\cdots$，X_n 的模糊子集，将扩张原理作用于模糊子集 A_1，A_2，$\cdots$，A_n，则得到下面的模糊集

$$\begin{aligned}\mu_F(v)&=\max_{(x_1,\cdots,x_n)=f^{-1}(v)}\min(\mu_{A_1}(x_1),\ \cdots,\ \mu_{A_n}(x_n))\\&=\sup_{(x_1,\cdots,x_n)=f^{-1}(v)}\min(\mu_{A_1}(x_1),\ \cdots,\ \mu_{A_n}(x_n))\end{aligned}\tag{3.6}$$

第二节　模糊量

这一节研究模糊集的具体类，即实数集（或实直线）$\mathbb{R}$上的那些模糊集。需要特别注意的是，本节引入和阐述的模糊量本质上是实数集的模糊子集，是$\mathbb{R}$的普通子集的推广。

设$\mathbb{R}$表示实数集合，$F(\mathbb{R})$表示实数论域上的模糊子集全体，将$F(\mathbb{R})$称为模糊量（fuzzy quantities）。

对模糊集给出一些适当的约束条件，是认识和解释模糊系统的第一步，这些约束专门用于刻画模糊集的形状，这样做从语义形式上讲是运用健全的语言术语标识模糊集。这些约束中，一些是正式用数学语言描述的，另一些则是由常识判断证明给出的。

下面阐述后面章节中经常运用的有关模糊集的几个基本概念，比如凸模糊集、模糊集的势等。

一、凸模糊集

定义 3.4（凸模糊集）　设A是论域X的模糊子集，如果对于任意x_1，$x_2 \in X$，$0 \leqslant \lambda \leqslant 1$，满足

$$\mu_A(\lambda x_1 + (1-\lambda)x_2) \geqslant \min\{\mu_A(x_1), \mu_A(x_2)\} \qquad (3.7)$$

则A称为凸模糊集。

实际上，凸模糊集和非凸模糊集的可视化图形如图 3.4 和图 3.5 所示。

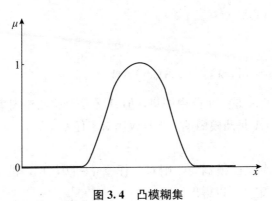

图 3.4　凸模糊集

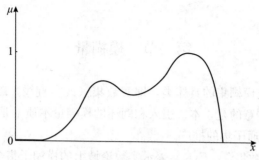

图 3.5　非凸模糊集

当从截集角度考察凸模糊集的性质时，经过观察可以发现，如果模糊集的所有 α 水平集都是凸的，那么模糊集就是凸模糊集。

例 3.4　设模糊集 A 的隶属度函数是

$$A(x)=\begin{cases} \dfrac{1}{x}, & x \geqslant \dfrac{1}{2} \\ 1, & 0 < x < \dfrac{1}{2} \\ 0, & x \leqslant 0 \end{cases}$$

证明 A 是凸模糊集。

解：取任意 x_1，$x_2 \in \mathbb{R}$，$\forall \lambda \in [0, 1]$。首先考察，当 $x_1 \leqslant 0$，$x_2 \leqslant 0$ 时

$$A(x_1) \wedge A(x_2) = 0 \leqslant A(\lambda x_1 + (1-\lambda) x_2)$$

其次，考察 $x_1 > 0$，$x_2 > 0$ 时，鉴于 $A(x)$ 在 $x > 0$ 时是不增的，同时

$$\lambda x_1 + (1-\lambda) x_2 \leqslant x_1 \vee x_2$$

所以

$$A(\lambda x_1 + (1-\lambda) x_2) \geqslant A(x_1) \wedge A(x_2)$$

这就证明了 A 是一个凸模糊集，但 A 不是严格凸模糊集。

定理 3.2　A 是凸模糊集，当且仅当对于任意 $\alpha \in [0, 1]$，截集 $A_\alpha = A[\alpha]$ 是凸集。

证明：设 A 是凸模糊集，则对于任意 $\alpha \in [0, 1]$，设 x_1，$x_2 \in A_\alpha$，$\lambda \in [0, 1]$，由定义可以得出

$$A(\lambda x_1 + (1-\lambda) x_2) \geqslant A(x_1) \wedge A(x_2) \geqslant \alpha$$

也就是 $\lambda x_1 + (1-\lambda)x_2 \in A_\alpha$，因此 A_α 是凸集。

反之，如果对于任意 $\alpha \in [0, 1]$，截集 A_α 是凸集，则任意取 x_1，$x_2 \in A$，并且设

$$\alpha = A(x_1) \wedge A(x_2)$$

则有 x_1，$x_2 \in A_\alpha$，因为 A_α 是凸集，所以对于 $\lambda \in [0, 1]$，$\lambda x_1 + (1-\lambda)x_2 \in A_\alpha$。因而

$$A(\lambda x_1 + (1-\lambda)x_2) \geqslant \alpha = A(x_1) \wedge A(x_2)$$

也就是 A 是一个凸集。　　　　　　　　　　　　　□

此外，模糊集还有其他特征，比如模糊集的基数（cardinality）或"势"（power）。

定义 3.5（模糊集的基数） 对于有限模糊集 A，将 A 的基数定义为

$$|A| = \sum_{x \in X} \mu_A(x) \tag{3.8}$$

同时，将 $\|A\| = \dfrac{|A|}{|x|}$ 称为 A 的相对基数。

很明显，模糊集的相对基数取决于整个论域的基数，因此如果要根据模糊集的相对基数来比较模糊集，就必须选择相同的论域。

例 3.5 上海某房地产经纪人为客户提供住房类型，其中舒适度指标用住房卧室的数量来刻画。设 $X = \{1, 2, 3, 4, \cdots, 10\}$ 是一套住房舒适度的指标变量。

于是，关于"四口之家的舒适型住房"的模糊集可以描述为

$$A = \{(1, 0.2), (2, 0.5), (3, 0.8), (4, 1), (5, 0.7), (6, 0.3)\}$$

计算舒适度模糊集的基数和相对基数。

解：对于四口之家的舒适型住房，模糊集 A 的基数是

$$|A| = 0.2 + 0.5 + 0.8 + 1 + 0.7 + 0.3 = 3.5$$

A 的相对基数是

$$\|A\| = \frac{3.5}{10} = 0.35$$

可以将相对基数解释为 X 的元素归属于 A 的程度分值，根据各个元素在 A 中的隶属度进行加权。

对于无限模糊集 X 来说，基数被定义为

$$|A| = \int_x \mu_A(x)\mathrm{d}x$$

当然，$|A|$ 并不总是存在。

二、正规性和连续性

定义 3.6（正规模糊集） 设 X 是论域，A 是 X 的模糊子集，如果至少存在一个元素 $x \in X$，具有完全隶属度，即

$$\mu_A(x) = 1 \tag{3.9}$$

则称 A 是正规的。

如果模糊集不是正规的，那么称之为次正规的或者非正规的。

举例来说，用模糊集表示某品牌夹心饼干的两块饼干的质量，当查看饼干夹心的充满程度时，就可用次正规模糊集表示饼干夹心元素没有满足充满全量的要求，用正规模糊集表示饼干夹心元素满足充满全量的要求，正规模糊集用实线标出，而非正规模糊集用虚线标出，如图 3.6 所示。

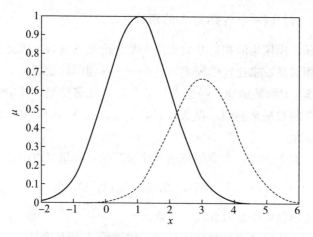

图 3.6　正规模糊集和非正规模糊集

几乎所有关于模糊模型研究的文献都隐含地假定了正规性。可以看出，对模糊集的正规性要求是最为常见的基本要求。

文献中也存在研究者，比如 R. Kowalczyk 在 1998 年关于次正规模糊集的语言近似的会议论文[34] 中对次正规模糊集进行了研究并提供了语言解释，但实际上正规性几乎总是必需的，这是因为正规性意味着所要讨论的全域中至少有一个元素应该表现出与模糊集所代表的概念在语义上完全匹配。

定义 3.7（连续性）　设 X 是论域，A 是 X 的模糊子集，如果它的隶属度函数 μ_A 在论域中是连续的，则称 A 是连续的。

如何理解和认识隶属度函数 μ_A 是连续的呢？事实上，绝大多数感知认识、感知概念源自外部刺激的感觉和感知行为，而外部刺激通常是连续变化的，当用模糊集表示这类感知观念时，连续模糊集就能更好地吻合感知概念。

实际上，在对模糊系统进行建模并给出可解释的描述时，总是会遇到这个约束。由于模糊集理论并不能保证模糊集的连续性，因此在刻画感知认识和概念时，必须考虑该连续性约束。

下面给出函数是上半连续的概念。

如果 $\{x: f(x) \geqslant \alpha\}$ 是闭的，则函数 $f: \mathbb{R} \to \mathbb{R}$ 称为上半连续的。此外，考察和这个定义等价的形式。

定义 3.8　如果模糊量的 α 截集是闭的，则模糊量是上半连续的。

定理 3.3　模糊量 A 是上半连续的，当且仅当对于任意 $x \in \mathbb{R}$，$\varepsilon > 0$，存在 $\delta > 0$，使得 $|x-y| < \delta$，意味着 $A(y) < A(x) + \varepsilon$。

证明：对于所有 α，设 $A_{\lceil \alpha \rceil}$ 是闭的。设 $x \in \mathbb{R}$ 且 $\varepsilon > 0$。如果 $A(x) + \varepsilon > 1$，那么对于任意 y，$A(y) < A(x) + \varepsilon$。如果 $A(x) + \varepsilon \leqslant 1$，那么对于 $\alpha = A(x) + \varepsilon$，$x \notin A_{\lceil \alpha \rceil}$，因此存在 $\delta > 0$ 使得 $(x-\delta, x+\delta) \cap A_{\lceil \alpha \rceil} = \varnothing$，所以对于所有 y，$A(y) < \alpha = A(x) + \varepsilon$，满足 $|x-y| < \delta$。

反之，取 $\alpha \in [0, 1]$，$x \notin A_{\lceil \alpha \rceil}$，同时 $\varepsilon = \dfrac{\alpha - A(x)}{2}$。存在 $\delta > 0$，使得 $|x-y| < \delta$，这蕴含着 $A(y) < A(x) + \dfrac{\alpha - A(x)}{2} < \alpha$，因此 $(x-\delta, x+\delta) \cap A_{\lceil \alpha \rceil} = \varnothing$。所以，$A_{\lceil \alpha \rceil}$ 是闭的。　　　　□

第三节　模糊数据

文献中关于模糊数的定义存在多种方式，特别说明的是，本书将模糊数统称为模糊数据，下面给出一个比较常见的定义。

定义 3.9（模糊数据）　设 X 是论域，称 A 是 X 的凸模糊集，也就是 $A: \mathbb{R} \to [0,1]$ 是 $\mathbb{R}$ 上的凸模糊集，如果 A 的隶属函数满足如下条件：

（ⅰ）A 是正规模糊集，也就是至少存在一个实数 x，使得 $A(x) = 1$。

（ⅱ）A 的支集 $\text{supp}\{x: \mu_A(x) > 0\}$ 是有界且连续的。

（ⅲ）A 的 α 截集 A_α 是一个闭区间。

定义 3.10　如果模糊数据 M 的隶属度函数使得 $\mu_M(x_0)=0$，则对于 $\forall x<0$（或者 $\forall x>0$），称其为正（或负）的。

例 3.6　下面几个模糊集是模糊数据：

大致为 $5=\{(3,0.2),(4,0.6),(5,1),(6,0.7),(7,0.1)\}$

接近 $10=\{(8,0.3),(9,0.7),(10,1),(11,0.7),(12,0.3)\}$

但是 $\{(3,0.8),(4,1),(5,1),(6,0.7)\}$ 不是模糊数据，这是因为 $\mu(4)=1$ 而且 $\mu(5)=1$。

下面我们介绍和阐述几种常用的模糊数据。

一、三角形模糊数据和梯形模糊数据

首先介绍三角形模糊数据、梯形模糊数据。三角形模糊数据（triangular fuzzy number）由三个数值组成，用 $A=(a,b,c)$ 表示，其中 $a\leqslant b\leqslant c$。此时 $\mu_A(x)$ 表示形式如下：

$$\mu_A(x)=\begin{cases}\dfrac{x-a}{b-a}, & a\leqslant x<b \\ 1, & x=b \\ \dfrac{c-x}{c-b}, & b<x\leqslant c \\ 0, & \text{其他}\end{cases} \tag{3.10}$$

x 的值越靠近 b，其隶属于 A 的隶属度函数值就越高，这表明，x 隶属于 A 的程度越高，如图 3.7 所示。

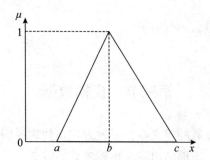

图 3.7　三角形模糊数据的隶属度函数

当三角形模糊数据的 $\mu_A(x)$ 中的 $\dfrac{x-a}{b-a}$（$a\leqslant x<b$）与 $\dfrac{c-x}{c-b}$（$b<x\leqslant c$）分别被单调递增函数与单调递减函数取代时，就称为三角形态模糊

数据（triangular shaped fuzzy number），如图 3.8 所示。

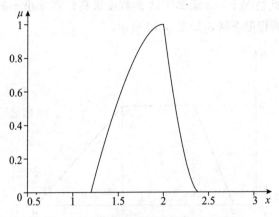

图 3.8 三角形态模糊数据的隶属函数

例 3.7 经考察，黑龙江省漠河县 2019 年 11 月 5 日早上的天气预报为 18℃～ －6℃，10：15 的温度是 10℃，可以看出这是三角形态模糊数据的示例，也就是 $A=(-6, 10, 18)$，如图 3.9 所示。

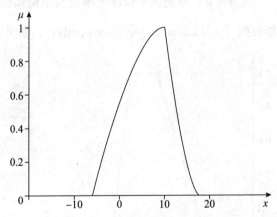

图 3.9 三角形态模糊数据的隶属度函数

梯形模糊数据（trapezoidal fuzzy number）由四个数值组成，用 $A=(a, b, c, d)$ 表示，其中 $a \leqslant b \leqslant c \leqslant d$，此时 $\mu_A(x)$ 表示如下：

$$\mu_A(x)=\begin{cases} \dfrac{x-a}{b-a}, & a \leqslant x < b \\ 1, & b \leqslant x < c \\ \dfrac{d-x}{d-c}, & c \leqslant x < d \\ 0, & 其他 \end{cases} \quad (3.11)$$

当 x 的值介于 $[b, c]$ 时，其隶属于 A 的隶属度函数值存在最大值 1，这表明在此情况下，x 隶属于 A 的程度最高；当 x 小于 b 或大于 c 时，其隶属于 A 的程度下降，如图 3.10 所示。

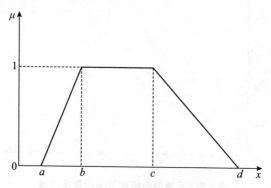

图 3.10　梯形模糊数据的隶属度函数

类似于三角形态模糊数据，当梯形模糊数据的 $\mu_A(x)$ 中的 $\frac{x-a}{b-a}$（$a \leqslant x \leqslant b$）与 $\frac{d-x}{d-c}$（$c \leqslant x \leqslant d$）分别被单调递增函数与单调递减函数取代时，称为梯形态模糊数据（trapezoidal shaped fuzzy number），如图 3.11 所示。

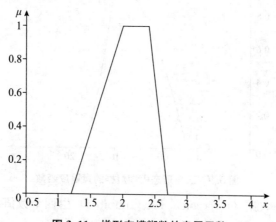

图 3.11　梯形态模糊数的隶属函数

实际上，在一定条件下，当 b 与 c 两点满足 $b=c$ 时，梯形模糊数据就变成了三角形模糊数据。换句话说，梯形模糊数据是三角形模糊数据的推广，而三角形模糊数据则是梯形模糊数据的特例。

类似地，梯形态模糊数据也是三角形态模糊数据的推广，而三角形态模糊数据则是梯形态模糊数据的特例。

二、高斯模糊数据

高斯模糊数据（Gaussian fuzzy number）由三个数值组成，用 $A=(c,$ $s,m)$ 表示，其中 $c \leqslant s \leqslant m$，此时 A 的隶属度函数 $\mu_A(x)$ 表示如下：

$$\mu_A(x)=\exp\left[-\frac{1}{2}\left|\frac{x-c}{s}\right|^m\right] \tag{3.12}$$

其中 c 表示中心，s 表示宽度，m 表示模糊化因子，比如 $m=2$ 等，如图 3.12 和图 3.13 所示。

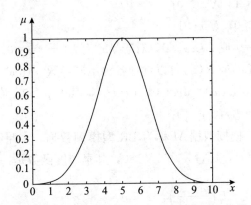

图 3.12　当 $c=2$，$s=2$，$m=2$ 时的隶属度函数

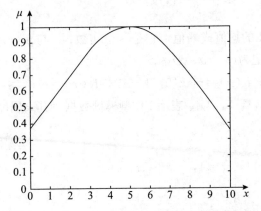

图 3.13　当 $c=5$，$s=5$，$m=2$ 时的隶属度函数

三、LR 型模糊数据

当运用模糊集理论解决实际问题时，一个特别重要的问题是计算效率问题，这会涉及计算量。为了解决这个难点，许多研究者提出比较容易计

算又不失一般性的模糊量表示式，或者更为一般的模糊数据形式。

Dubois 和 Prade 在 1978 年提出了模糊数据的一种特殊类型的表示式，即模糊数据的 LR 形式，又称 LR 型模糊数据。

下面分析和阐述模糊集的 LR 表示式。这种 LR 表示式在不失一般性且可接受的范围内，可以提高计算效率。

定义 3.11　形状函数 L 或 R 是 $\mathbb{R} \rightarrow [0, 1]$ 的递减函数，使得下面四个条件成立：

(1) $L(0) = 1$；

(2) $L(x) < 1$，$\forall x > 0$；

(3) $L(x) > 0$，$\forall x < 1$；

(4) $L(1) = 0$ 或 $L(x) > 0$，对于 $\forall x$ 有 $L(+\infty) = 0$。

例 3.8　$L(x)$ 或 $R(x)$ 可以选择各种不同函数。比如，正如 Dubois 和 Prade[22] 提出的，$L(x) = \max\{0, 1 - x^p\}$，其中 $p > 0$。或者 $L(x) = \mathrm{e}^{-x}$，此外还有 $L(x) = 1/(1 + x^2)$。

定义 3.12　模糊数据 M 称为 LR 型模糊数据，如果存在左参考函数 L 和右参考函数 R，标量 $\alpha > 0$，$\beta > 0$，其隶属度函数是

$$\mu_M(x) = \begin{cases} L\left(\dfrac{m-x}{\alpha}\right), & x \leqslant m \\ R\left(\dfrac{x-m}{\beta}\right), & x \geqslant m \end{cases} \tag{3.13}$$

其中 m 称为 M 的均值或峰值，它是一个实数；α 与 β 分别称为左边形式与右边形式，记为 $(m, \alpha, \beta)_{LR}$。

例 3.9　设 $L(x) = \max\{0, 1-x\}$，$R(x) = \mathrm{e}^{-x}$，$\alpha = 2$，$\beta = 3$ 以及 $m = 4$。于是，$(4, 2, 3)_{LR}$ 表示 LR 型模糊数据，其隶属度函数是

$$\mu_M(x) = \begin{cases} 0, & x \leqslant 2 \\ \dfrac{x}{2} - 1, & 2 < x \leqslant 4 \\ \mathrm{e}^{(4-x)/3}, & x > 4 \end{cases}$$

其图形如 3.14 所示。

例 3.10　如果 $L(x)$ 和 $R(x)$ 都是 $\{x: 0 < L(x) < 1\}$ 和 $\{x: 0 < R(x) < 1\}$ 区域上的线性函数，则对应的 LR 型模糊数据就是三角形模糊数据。这是由实数三元组 (a, b, c) 确定的三角形模糊数据 M，它具有如下隶属度函数，如图 3.15 所示。

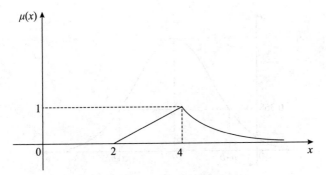

图 3.14 $(4，2，3)_{LR}$ 的隶属度函数

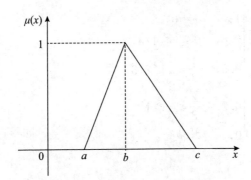

图 3.15 三角形模糊数据的隶属度函数

如果利用 $(b，b-a，c-b)_{LR}$ 表示，其中形状函数 L 和 R 是 $L(x)=R(x)=\max\{0，1-x\}$。

$$\mu_M(x)=\begin{cases}\dfrac{x-a}{b-a}，& a\leqslant x\leqslant b\\[2mm]\dfrac{c-x}{c-b}，& b<x\leqslant c\\[2mm]0，& \text{其他}\end{cases} \qquad(3.14)$$

例 3.11 模糊数据 M 称为高斯模糊数据，如果 M 的隶属度函数是下面的形式：

$$\mu_M(x)=e^{-\left(\frac{x-a}{b}\right)^2}，\quad x\in\mathbb{R}，b>0 \qquad(3.15)$$

并用 $(a，b，b)_{LR}$ 表示，其中形状函数 L 和 R 均是 $L(x)=R(x)=e^{-x^2}$，如图 3.16 所示。

例 3.12 通常，LR 型模糊数据中的形状函数 L 或 R 可能不是连续函数，或者在开区间 $\{x：0<L(x)<1\}$ 上严格递减。例如，设形状函数 $L(x)$ 和 $R(x)$ 如下所示：

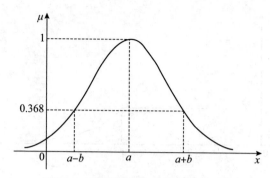

图 3.16　高斯模糊数据的隶属度函数

$$L(x)=\begin{cases}1, & x=0 \\ 0.8, & 0\leqslant x\leqslant 1/3 \\ 0.5, & \dfrac{1}{3}<x\leqslant 2/3 \\ 0.2, & \dfrac{2}{3}<x<1 \\ 0, & \text{其他}\end{cases}$$

以及

$$R(x)=\begin{cases}-\dfrac{3x}{2}+1, & 0\leqslant x\leqslant 1/3 \\ 0.5, & \dfrac{1}{3}<x\leqslant 2/3 \\ -\dfrac{3x}{2}+\dfrac{3}{2}, & \dfrac{2}{3}<x<1 \\ 0, & \text{其他}\end{cases}$$

它们分别是不连续的和非严格递减的。设均值、左边形式、右边形式是 $m=\alpha=\beta=3$，于是得到 LR 型模糊数据的隶属度函数 $(3,3,3)_{LR}$，如图 3.17 所示。

$$\mu_M(x)=\begin{cases}0.2, & 0<x<1 \\ 0.5, & 1\leqslant x<2 \\ 0.8, & 2\leqslant x<3 \\ -\dfrac{x}{2}+\dfrac{5}{2}, & 3\leqslant x<4 \\ 0.5, & 4\leqslant x<5 \\ -\dfrac{x}{2}+3, & 5\leqslant x<6 \\ 0, & \text{其他}\end{cases}$$

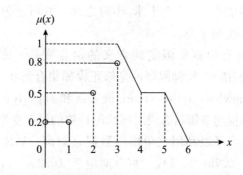

图 3.17　LR 型模糊数据 $(3，3，3)_{LR}$ 的隶属度函数

第四节　语言变量

通常，模糊系统是指变量（或者至少是其中的一部分）在状态范围内是模糊数，而不是实数的任何系统。这些模糊数据可能代表语言术语，如"非常小""一般"，等等，具体含义要在上下文中加以解释，将这样的变量称为语言变量（linguistic variable）。

每一个语言变量都是根据基本变量定义的，基本变量的值是特定范围内的实数。基本变量是通常意义上的变量，例如任何物理变量，诸如温度、压力、电流、磁通量等，以及任何其他数值变量，比如利率、年龄、性能等。

在语言变量中，表示与特定应用有关的基本变量的近似值的语言术语被近似模糊数捕获。也就是每个语言变量由以下元素组成：

（ⅰ）名称，它应该捕捉所涉及的基本变量的含义。

（ⅱ）具有取值范围（实数的闭区间）的基本变量。

（ⅲ）一组语言术语，是指基本变量的系列值。

（ⅳ）语义规则，它赋予每个语言术语其意义，即在基本变量的范围内定义一个适当的模糊数。

模糊集理论植根于语言变量。语言变量是模糊变量。例如，陈述"李四是高个子男孩"意味着语言变量李四取的语言值是"高个子"。

在模糊专家系统中，语言变量应用于模糊规则中。比如：（1）如果风很大，那么航海就很好了；（2）如果项目持续时间很长，那么完成风险就很高；等等。

语言变量的可能值范围表示该变量的论域范围。例如，语言变量"速度"的论域范围可能在 0～220 千米/小时之间，并可能包括非常慢、慢、中、快和非常快等模糊子集。

事实上，将具有模糊集限定词含义的语言变量，称为模糊限制词（hedges，又称限制语）。模糊限制词是修正模糊集合形状的术语，其中包括副词 very，somewhat，quite，more or less 和 slightly。

比如，常见的描述事物状态或发展状况趋势的语言变量有非常好、好、一般、差、非常差，可以利用三角模糊数据来刻画。具体的对应关系为："非常好"对应于（0.75，1，1），"好"对应于（0.25，0.75，1），"一般"对应于（0.25，0.50，0.75），"差"对应于（0，0.25，0.50），"非常差"对应于（0，0，0.25）。这些对应关系已由表 3.1 给出，它们的隶属度函数图形如图 3.18 所示。其他模糊限制词的模糊数据表示法和图形参看表 3.1。

表 3.1　常见模糊限制词的三角形模糊数据表示

语言变量	缩写	模糊数据
非常好（very good）	VG	（0.75，1，1）
好（good）	G	（0.25，0.75，1）
一般（medium）	M	（0.25，0.50，0.75）
差（poor）	P	（0，0.25，0.50）
非常差（very poor）	VO	（0，0，0.25）

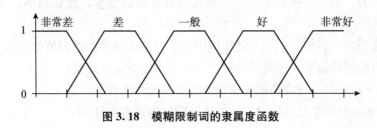

图 3.18　模糊限制词的隶属度函数

在语言变量中，模糊限制词是用来修饰其他语言的特殊术语。除了前面介绍的 very、somewhat、quite、more or less 和 slightly 之外，rather、fairly、extremely 等都是模糊限制词。

问题：是否存在一种数学公式来刻画这类模糊限制词呢？

任何语言模糊限制词 H 都可以解释成单位区间 [0，1] 上的一元运算 H。例如，模糊限制词"非常（very）"可以解释成一元运算

$$H(a) = a^2$$

而将模糊限制词"相当（fairly）"解释成

$$H(a)=\sqrt{a}\,,\quad \text{其中}\ a\in[0,1]$$

因此，我们将刻画语言模糊限制词的一元运算称为修饰语（modifier）。对于一般的模糊限制词，通常用如下数学公式

$$H_a(\mu(x))=\mu(x)^a$$

表示，其中将 $a>1$ 称为强模糊限制词（压缩器，concentrator），将 $a<1$ 称为弱模糊限制词（扩大器，dilator）。

例 3.13　考察李四是高个子男孩，其中隶属度 $\mu=0.86$；张三是非常高的，$\mu=\mu^2=0.74$；姚明是非常非常高的，$\mu=\mu^4=0.55$。这个模糊限制词是"非常"（very）的模糊集合，如图 3.19 所示。

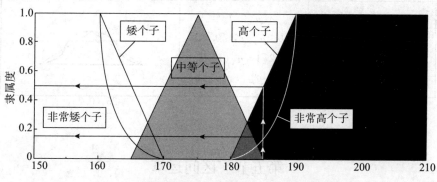

图 3.19　模糊限制词"非常"（very）的模糊集合

实际上，关于不同模糊限制词的数学表达式和图形之间的内在联系（比如有点高、稍微高、非常高、很高的、非常非常高）的数学表达式与各自的图形是不一样的，这些对应关系可以概括为表 3.2。

表 3.2　某些模糊限制词的数学表达式和图形

模糊限制词	数学表达式	图形
有点高	$[\mu_A(x)]^{1.3}$	
稍微高	$[\mu_A(x)]^{1.7}$	
非常高	$[\mu_A(x)]^{2}$	

续表

模糊限制词	数学表达式	图形
很高	$[\mu_A(x)]^3$	
非常非常	$[\mu_A(x)]^4$	
或多或少、差不多	$\sqrt{\mu_A(x)}$	
确实，实际上	$2[\mu_A(x)]^2$，当 $0 \leqslant \mu_A(x) \leqslant 0.5$ 时 $1-2[1-\mu_A(x)]^2$，当 $0.5 < \mu_A(x) \leqslant 1$ 时	

第五节　区间运算

一、区间运算

模糊集可以被认为是一个具有移动边界的清晰集。在这个意义上，模糊集的隶属度函数可利用与不同水平的 α 截集有关的区间来描述。

为了进一步揭示 α 截集区间的运算，有必要认识和理解区间方面的各种运算。

设 I_1 与 I_2 是分别由 $I_1=[a, b]$ 与 $I_2=[c, d]$ 定义的两个区间数，其中 $a \leqslant b$ 且 $c \leqslant d$，用符号"$*$"表示四种常用运算 $\{+, -, \times, /\}$。于是，运算 $I_1 * I_2 = [a, b] * [c, d]$ 代表另一个区间数。

很明显，当 $a=b$ 和 $c=d$ 时，这些区间数就退化为标量实数。

下面介绍和定义符号"$*$"所表示的加、减、乘、除的具体计算方式。

定义 3.13　将区间的几种算术运算定义如下：

(1) $[a, b]+[c, d]=[a+c, b+d]$。

(2) $[a, b]-[c, d]=[a-d, b-c]$。

(3) $[a, b] \times [c, d] = [\min(ac, ad, bc, bd), \max(ac, ad, bc, bd)]$
$\qquad = [ac, bd]$，当 a，c，b，d 都是正数时。

(4) $[a, b] \div [c, d] = [a, b] \times [1/d, 1/c]$，只要 $0 \notin [c, d]$。

(5) $k[a, b] = [ka, kb]$，对于 $k > 0$；$k[a, b] = [kb, ka]$，对于 $k < 0$。

(6) 逆区间的运算，$[e, d]$ 的逆 $= \left\{ \min\left[\dfrac{1}{d}, \dfrac{1}{e}\right], \max\left[\dfrac{1}{d}, \dfrac{1}{e}\right] \right\}$。

例 3.14　计算区间 $[-2, 1]$ 与 $[0, 5]$ 的加、减。

解：由加法定义可知，$[-2, 1] + [0, 5] = [-2, 6]$。类似地，由减法定义，$[-2, 1] - [0, 5] = [-7, 1]$。利用图形可视化表达运算，更加清楚易懂，如图 3.20 所示。

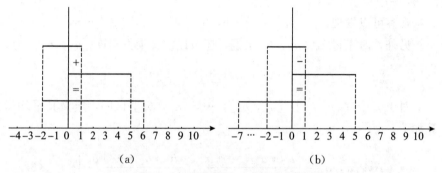

(a)　　　　　　　　　　　　　　　　(b)

图 3.20　区间加法、减法示意图

例 3.15　$[2, 4] \times [3, 2] = [\min(2 \times 3, 2 \times 2, 4 \times 3, 4 \times 2),$
$\qquad\qquad\qquad \max(2 \times 3, 2 \times 2, 4 \times 3, 4 \times 2)]$
$\qquad\qquad\quad = [\min(6, 4, 12, 8), \max(6, 4, 12, 8)]$
$\qquad\qquad\quad = [4, 12]$

例 3.16　$\dfrac{[2, 4]}{[1, 2]} = [2, 4] \times \left[\dfrac{1}{2}, \dfrac{1}{1}\right]$

$\qquad\qquad = \left[\min\left(\dfrac{2}{2}, \dfrac{2}{1}, \dfrac{4}{2}, \dfrac{4}{1}\right), \max\left(\dfrac{2}{2}, \dfrac{2}{1}, \dfrac{4}{2}, \dfrac{4}{1}\right)\right]$

$\qquad\qquad = [\min(1, 2, 2, 4), \max(1, 2, 2, 4)]$

$\qquad\qquad = [1, 4]$

注意：区间算术运算满足加法和积的结合律/交换律，但是不满足分配律。

更准确地说，区间满足分配律的一个特殊子类，称为次分配律（subdistributivity），也就是

$$I \times (J+K) \subset I \times J + I \times K$$

其中 I，J，K 分别表示不同区间。此外，区间算术还满足下面两个性质：

（ⅰ）次消去律（sub-cancellation），$a \subseteq a+b-b$，$a \subseteq a \times b/b$。

（ⅱ）不存在 0，1 元素（no inverse elements），$a+(-a) \neq 0$，$a \times (1/a) \neq 1$。

例 3.17　已知三个区间 $I=[1, 2]$，$J=[2, 3]$，$K=[1, 4]$。下面分别计算 $I \times (J-K)$，$I \times J - I \times K$。

解：$I \times (J-K)=[1, 2] \times ([2, 3]-[1, 4])=[1, 2] \times [-2, 2]=[-4, 4]$。

$I \times J - I \times K=[1, 2] \times [2, 3]-[1, 2] \times [1, 4]=[2, 6]-[1, 8]=[-6, 5]$。

观察可以发现，$[-4, 4] \neq [-6, 5]$，但 $[-4, 4] \subset [-6, 5]$。

另外，对于正实数 a_1，b_1 来说，还可以定义乘方运算 $[a_1, b_1]^n$ 为：

$$[a_1, b_1]^n = [(a_1)^n, (b_1)^n]$$

对于 n 个 $[a_1, b_1]$，$[a_2, b_2]$，$\cdots$，$[a_n, b_n]$ 区间，定义其平均运算如下：

$$\mathrm{Ave}[a, b] = \left[\frac{a_1+a_2+\cdots+a_n}{n}, \frac{b_1+b_2+\cdots+b_n}{n} \right] \tag{3.16}$$

设 $[a_1, b_1]$ 与 $[a_2, b_2]$ 是满足 $a_1 \geqslant 0$ 且 $a_2 \geqslant 0$ 的区间，还可以定义豪斯多夫（Hausdorff）距离运算：

$$\mathrm{dis}\{[a_1, b_1], [a_2, b_2]\} = \max\{|a_1-b_2|, |a_2-b_2|\} \tag{3.17}$$

二、基于 α 截集的模糊运算

由于模糊数据的 α 截集是一个闭区间，所以依据上述区间运算法则，对模糊数据的 α 截集进行计算，进而据此定义模糊数据的模糊运算法则。

设 A 与 B 是两个模糊数据，它们的 α 截集分别是 $A[\alpha]=[a_1(\alpha), a_2(\alpha)]$ 与 $B[\alpha]=[b_1(\alpha), b_2(\alpha)]$。很明显，$A[\alpha]$ 与 $B[\alpha]$ 都是闭区间，定义 $C=A*B$ 满足如下运算法则，其中 $*$ 表示加、减、乘、除。

下面分别阐述加、减、乘、除的运算法则。

（1）加法 $C=A+B$，于是 C 的 α 截集 $C[\alpha]$：

$$C[\alpha]=A[\alpha]+B[\alpha] \tag{3.18}$$

（2）减法 $C=A-B$，于是 C 的 α 截集 $C[\alpha]$：

$$C[\alpha]=A[\alpha]-B[\alpha] \tag{3.19}$$

（3）乘法 $C=A\times B$，于是 C 的 α 截集 $C[\alpha]$：

$$C[\alpha]=A[\alpha]\times B[\alpha] \tag{3.20}$$

（4）除法 $C=A/B$，于是 C 的 α 截集 $C[\alpha]$：

$$C[\alpha]=A[\alpha]/B[\alpha] \tag{3.21}$$

在式（3.18）至式（3.21）中，可根据运算法则得到 $C[\alpha]$，进而求出模糊数据 C。基于 α 截集的模糊运算的定义和扩展原理是相同的，这两种定义下的运算结果也是一样的。但是，一般而言，基于 α 截集模糊运算的定义计算起来会相对简单一些。

例 3.18　设 $A=(-3,-2,-1)$，$B=(4,5,6)$。计算 $C=A\times B$。

解：首先，计算得到 $A[\alpha]$ 与 $B[\alpha]$，然后基于 α 截集运算得到 C。

由于 $A[\alpha]=[-3+\alpha，-1-\alpha]$，$B[\alpha]=[4+\alpha，6-\alpha]$，依据基于 α 截集模糊运算的定义，可以得出 $C[\alpha]=[(\alpha-3)(6-\alpha)，(-1-\alpha)(4+\alpha)]$。根据 $C[\alpha]$ 画出模糊数据 C 的隶属度函数，如图 3.21 所示。

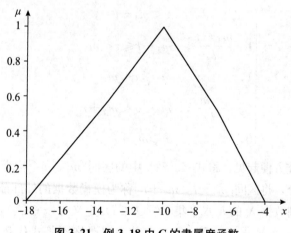

图 3.21　例 3.18 中 C 的隶属度函数

第六节　几类模糊数据的关系

前面介绍了最常见的几类模糊数据，在某种意义上都被认为是所谓的

LR 型模糊数据族中的成员，其中"L"和"R"分别表示模糊数据的"左边"和"右边"。

特别地，模糊数据 LR_2 是由四元组 $X=(m_1,m_2,l,r)_{LR}$ 来定义和描述的，其中 m_1 与 m_2 分别表示左边与右边的"模式"，而且 $l>0$ 与 $r>0$ 分别表示左边形式和右边形式，简称为左边和右边，于是 LR_2 的隶属度函数是

$$\mu_X(x)=\begin{cases} L\left(\dfrac{m_1-x}{l}\right), & x\leqslant m_1 \\ 1, & m_1<x\leqslant m_2 \\ R\left(\dfrac{x-m_2}{r}\right), & x>m_2 \end{cases} \tag{3.22}$$

在式（3.22）中，函数 L 和 R 表示从 R^+ 到 $[0,1]$ 的形状函数，且满足某种特定条件。不过，关于 L 和 R 的表达式几乎总是可以写成

$$L(z)=R(z)=\begin{cases} 1-z^q, & 0\leqslant z\leqslant 1 \\ 0, & 其他 \end{cases} \tag{3.23}$$

特别地，如果 $q=1$，那么 X 就是梯形模糊数据，它的隶属度函数是

$$\mu_X(x)=\begin{cases} 0, & x<m_1-l \\ 1-\dfrac{m_1-x}{l}, & m_1-l\leqslant x<m_1 \\ 1, & m_1\leqslant x<m_2 \\ 1-\dfrac{x-m_2}{l}, & m_2\leqslant x<m_2+r \\ 0, & x\geqslant m_2+r \end{cases} \tag{3.24}$$

为了研究方便起见，将式（3.22）中的区间 $[m_1,m_2]$ 称为 LR_2 模糊数据的内部部分，将区间 $[m_1-l,m_2+r]$ 称为模糊数据的外部部分。对于论域 U，将模糊数据 X 的 h 水平集（$0<h\leqslant 1$）定义为 $\{x\in U:\mu_X(x)\geqslant h\}$，类似地将强 h 水平集（$0\leqslant h<1$）定义为用严格不等式代替不等式，即 $\{x\in U:\mu_X(x)>h\}$。

实际上，LR_2 模糊数据存在几种特殊情况，如图 3.22 所示。当 $m=m_1=m_2$ 时，LR_2 变成所谓的 LR_1 模糊数据。

当 $l=r=0$ 时，LR_2 模糊数据变成一个区间，也就是下界为 m_1，上界为 m_2。

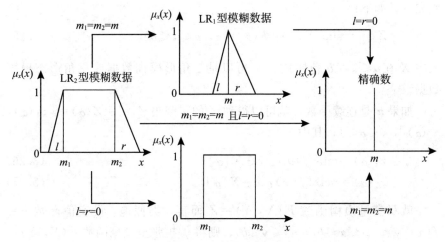

图 3.22　几种模糊数据的关系

当 $m=m_1=m_2$，$l=r=0$ 时，LR_2 模糊数据变成一个以往的精确数。

第七节　模糊函数

本节所指的模糊函数（fuzzy function）是将模糊数映射到模糊数据的函数，因而，模糊函数的定义域与对应值域的元素都是模糊数据。

在这一节的阐述分析中，用 $h(X)=Z$ 表示单变量模糊函数，即由模糊数据 X 映射到模糊数据 Z，其中 X 既可表示三角形模糊数据，也可表示三角形态模糊数据。

同样地，用 $h(X，Y)=Z$ 表示双变量模糊函数，其中 X 与 Y 既可表示三角形模糊数据，又可表示三角形态模糊数据。

一、模糊函数的第一种定义

怎样获得模糊函数呢？换句话说，如何定义模糊函数呢？通常，模糊函数是实值函数的推广或扩展。

设实值函数 $h：[a，b]→\mathbb{R}$，这表明对于任意一个 $x∈[a，b]$，$h(x)=z$，z 是实数。由此，对于模糊函数来说，存在两种定义方式：一种方式是借助于扩张原理，另一种方式是依据区间运算与 $α$ 截集的模糊运算。下面给出模糊函数的第一种定义。

定义 3.14（模糊函数的第一种定义）　设实值函数 $h：[a，b]→\mathbb{R}$，根据扩张原理，可将实值函数扩张至模糊函数 $h(X)=Z$，则对 Z 的隶属度函数定义如下：

$$Z_{[\alpha]} = \sup_x \{X(x): h(x) = z, \ a \leqslant x \leqslant b\} \tag{3.25}$$

其中 X 在 $a \leqslant x \leqslant b$ 范围内，X 可以是三角形模糊数据或三角形态模糊数据。

如果 h 是连续函数，就可以得到 Z 的 α 截集 $Z_{[\alpha]} = Z(\alpha) = [z_1(\alpha)$，$z_2(\alpha)]$，$0 \leqslant \alpha \leqslant 1$，其中

$$z_1(\alpha) = \min\{f(x): x \in X[\alpha]\} \tag{3.26}$$
$$z_2(\alpha) = \max\{f(x): x \in X[\alpha]\} \tag{3.27}$$

就双变量模糊函数 $F(X, Y) = Z$ 而言，类似地，设实值函数 $z = f(x, y)$，$a_1 \leqslant x \leqslant b_1$，$a_2 \leqslant y \leqslant b_2$，则将 f 扩张至模糊函数 $F(X, Y) = Z$，如下：

$$Z_{[\alpha]} = Z(\alpha) = \sup_{x, y}\{\min(X(x), Y(y)): f(x, y) = z\} \tag{3.28}$$

其中 X，Y 在 $a_1 \leqslant x \leqslant b_1$，$a_2 \leqslant y \leqslant b_2$ 范围内，可以是三角形模糊数据或三角形态模糊数据。

如果 f 是连续函数，那么可得到 Z 的 α 截集 $Z_{[\alpha]} = [z_1(\alpha), z_2(\alpha)]$，$0 \leqslant \alpha \leqslant 1$，其中

$$z_1(\alpha) = \min\{f(x, y): x \in X[\alpha], y \in Y[\alpha]\} \tag{3.29}$$
$$z_2(\alpha) = \max\{f(x, y): x \in X[\alpha], y \in Y[\alpha]\} \tag{3.30}$$

二、模糊函数的第二种定义

依据 α 截集与区间运算法则，可以定义模糊函数的映射关系，将以这种方式定义的模糊函数称为模糊函数的第二种定义。特别地，对于工程领域应用和数理学科研究来说，模糊函数的第二种定义的运算十分有用，并且相当简单方便。

定义 3.15（模糊函数的第二种定义） 设实值函数 $f: [a, b] \rightarrow \mathbb{R}$，利用 α 截集与区间运算法则，可将其扩张至模糊函数，对于 $a \leqslant x \leqslant b$ 的 X，有 $F[X] = Z$，映射关系如下：这种运算是通过实数区间的对应关系：

$$f(X_{[\alpha]}) = Z_{[\alpha]}, \ 0 \leqslant \alpha \leqslant 1 \tag{3.31}$$

由于区间内的元素是实数值，所以只要在实数函数 f 中输入 X 的 α 截集 $X_{[\alpha]}$，就可得到 Z 的 α 截集 $Z_{[\alpha]}$。凭借一系列 α 与 $Z_{[\alpha]}$ 的对应值，即可获得模糊数 Z。

例 3.19　设实值函数 $f:[a,b] \to \mathbb{R}$ 的形式如下：

$$f(x) = \frac{2x+10}{3x+4} \tag{3.32}$$

利用模糊函数的第二种定义，可得到这个映射关系有如下模糊函数：

$$Z = F(X) = \frac{2X+10}{3X+4} \tag{3.33}$$

在计算模糊数 Z 时，只要以 $X_{[\alpha]}$ 取代 x，然后进行区间运算，所得结果即为 $Z_{[\alpha]}$。

实际上，利用 α 截集与区间运算法则所定义的模糊函数，可扩张至多元变量函数。

例 3.20　设多元变量的实值函数 $f:[a,b] \to \mathbb{R}$ 的形式是：

$$f(x_1, x_2, x_3, x_4, x) = \frac{x_1 x + x_2}{x_3 x + x_4} \tag{3.34}$$

利用模糊函数的第二种定义，可得到这个映射关系的如下模糊函数：

$$Z = F(X) = \frac{AX+B}{CX+D} \tag{3.35}$$

在计算模糊数据 Z 时，只要分别用 $A_{[\alpha]}$ 取代 x_1，用 $B_{[\alpha]}$ 取代 x_2，用 $C_{[\alpha]}$ 取代 x_3，用 $D_{[\alpha]}$ 取代 x_4，用 $X_{[\alpha]}$ 取代 x，然后进行区间运算，所得结果即为 $Z_{[\alpha]}$。

三、模糊函数两种定义的差异

对于某实值函数 $f:[a,b] \to \mathbb{R}$，前一节依据扩张原理所定义的模糊函数，为了和第二种定义的模糊函数相区别，这里采用 $Z^* = F[X]$ 表示。而将利用 α 截集与区间运算法则所定义的模糊函数依然记为 $Z = F[X]$。实际上是不一样的。

但这两种方法利用前面曾经讨论的基本模糊运算，得到的两种结果却是相同的。

在下面的举例中，设实值函数是 $f(x) = (1-x)x$，$x \in [0,1]$，可以证明，对于某一个 $X \in [0,1]$，有 $Z^* \neq Z$。

通常，对于科学研究及工程应用来说，可能会存在 $Z^* \leqslant Z$ 的关系。更明确地说，对于 $\forall X \in [a,b]$，就函数 f 而言，没有满足 $Z^* \neq Z$ 的充分必要条件。

通常，利用 α 截集与区间运算法则所定义的模糊函数，对于实际应用研究者来说，比较容易了解函数，而且更容易绘制函数图形。

研究发现，利用 α 截集与区间运算得出的 $Z=F[X]$ 的结果可能会比扩张原理所得的结果大，尤其是两个或两个以上多元变量函数更是如此。

例 3.21　设 $z=f(x)=(1-x)x$，$x\in[0，1]$，利用 α 截集与区间运算法则所定义的模糊函数为：

$$Z=(1-X)X \tag{3.36}$$

若 X 是定义在 $[0，1]$ 的三角模糊数，并设 $X_{[\alpha]}=[x_1(\alpha)，x_2(\alpha)]$。

对于式（3.36）的模糊函数，其 α 截集是 $Z_{[\alpha]}=[z_1(\alpha)，z_2(\alpha)]$，$0\leqslant\alpha\leqslant1$，可以得到：

$$z_1(\alpha)=(1-x_2(\alpha))x_1(\alpha) \tag{3.37}$$
$$z_2(\alpha)=(1-x_1(\alpha))x_2(\alpha) \tag{3.38}$$

依据扩张原理所定义的模糊函数 Z^* 的隶属度函数是：

$$Z^*=\sup_x\{X(x)：(1-x)x=z，0\leqslant x\leqslant1\} \tag{3.39}$$

X 是在 $[0，1]$ 的三角模糊数，Z^* 的 α 截集是 $Z^*_{[\alpha]}=[z_1^*(\alpha)，z_2^*(\alpha)]$，$0\leqslant\alpha\leqslant1$，其中

$$z_1^*(\alpha)=\min\{(1-x)x：x\in X[\alpha]\} \tag{3.40}$$
$$z_2^*(\alpha)=\max\{(1-x)x：x\in X[\alpha]\} \tag{3.41}$$

比如，取 $X=(0，0.25，0.5)$，于是由式（3.37）与式（3.38）可得，$x_1(\alpha)=0.25\alpha$ 且 $x_2(\alpha)=0.50-0.25\alpha$，因此 $Z_{[0.50]}=[5/64，21/64]$。如果，依据式（3.40）与式（3.41）可得，$Z^*_{[0.50]}=[7/64，15/64]$，因而 $Z^*\neq Z$。

研究发现，如果模糊数据在表达式中仅出现一次，那么上述两种定义会得到一样的结果。但是，当模糊数据在表达式中出现不止一次时，也就是多次出现在同一个表达式中时，两种定义的结果可能会不同。

第四章　隶属函数的提取和构建

这一章阐述模糊性的来源和本质、关于模糊隶属函数的各种解释，以及隶属函数的提取和构建方法。当从不同视角考察模糊性和刻画模糊性的隶属函数时，研究者就可能有各自不同的观点和看法，这里既包括主观观点和客观观点，也包括个体观点和群体观点。由于存在不同角度来诠释模糊性，因而提取和构建隶属函数也会存在各种不同的方法。

第一节　模糊性的来源和本质

自扎德（1965）引入模糊集概念以来，在模糊集理论研究和实际应用中，主要难点之一是提取和构建刻画模糊性的隶属函数，也就是如何认识和理解模糊性的来源和本质，还有隶属函数的含义和度量。对于模糊性的来源，不同的认知学派具有各自的看法和观点，这样就导致对隶属函数的含义缺乏共识，文献中出现了各式各样的含义。从某种意义上说，这种缺乏共识的现象既不奇怪，又有一定的合理性。

为了消除这种混乱，需要建立合理的模糊集理论，隶属函数必须有严格的语义和实用的提取方法。

人类信息处理的一个主要分支是判断行为。心理学文献一致认为，人类思维的构成要素是概念。目前关于概念没有一个被普遍接受的定义，这

里将概念定义为认知关系结构，即

$$C=<A, R_1, \cdots, R_n> \tag{4.1}$$

这意味着概念 C 由一组"属性"组成，以及 A 上定义的 n 元组 R_1 到 R_n 的关系。当然，根据研究者的各自意图或研究目的，可以将属性替换成任何心理信息单位，例如神经元的状态或一种语言的形容词。同样地，关系实际上可以被标识为算子、规则、连接词和其他事物。

通常，判断过程存在两个值得关注的方面：一个是环境现象的认知表征，另一个是概念的聚合。对于这个研究领域来说，模糊集的引入带来了新的动力。人类概念经由模糊集正式表示，为认识各种概念的聚合而开发研究出各种算子，而且检查了它们是否适合人类概念的组合。

在模糊集理论中，要对刺激及其认知表征的关系进行建模，可将这个问题嵌入更加普遍的隶属函数的提取和构建中。根据测量理论，隶属函数是将经验关系结构映射到数值关系结构，其元素构成区间[0，1]：

$$\mu: <X, S_1, \cdots, S_n> \rightarrow <[0, 1], T_1, \cdots, T_n> \tag{4.2}$$

这个表述提供了一种公理系统，当从经验形式上能够证明的公理数目越来越多时，它就会越有用途。如果对这个问题能得到充分解答，那么模糊集方法一定会更有意义，也会有更坚实的理论基础。

实际上，隶属函数是抽象的，可能存在各种类型或形式，其本质作用是将经验关系形式系统转变为（或变换为）数值关系形式系统，即物理测量尺度（scale），又称标度。进一步地，隶属函数可将这样的数值关系结构映射到另一个数值结构：

$$\mu: <R, V_1, \cdots, V_n> \rightarrow <[0, 1], T_1, \cdots, T_n> \tag{4.3}$$

例如，考察"高个子人"概念，其基本变量是"长度"。再比如，考察"老年人"概念，它的基本变量是"年龄"。

如果模糊集代表一般性的概念，如式（4.1），那么 μ 是判断尺度或测量尺度（标度）。所考察的对象既作为大量信息的载体，又是测量隶属度的工具。在此条件下，隶属函数描述了物理测量尺度与分类判断之间的关系。

由前几章所述内容可以知道，所有模糊集利用各自的隶属函数来完整刻画。关于模糊性的来源存在各种各样的解释。依据对模糊性的不同认识和解释，隶属函数的含义也会随之发生变化。

一、隶属函数的定义和解释

下面，首先阐述隶属函数的正式定义，即数学定义。

定义 4.1　设 X 是论域，A 是 X 的模糊子集，A 具有隶属函数 μ_A，这里将 μ_A 定义为从论域 X 到单位区间的函数，也就是

$$\mu_A(x)\colon X{\rightarrow}[0,\ 1]$$

从图形角度来理解 $\mu_A(x)$ 函数，如图 4.1 所示。

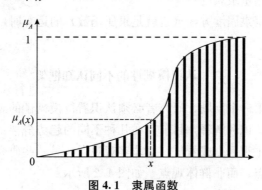

图 4.1　隶属函数

例 4.1　考察"张三（x）是高个子"这个概念表述。如何认识和理解这个模糊集呢？

解：首先，这是一个模糊集，可用单位区间中的某个数，即 $\mu_T(x)$ 表示。当 $\mu_T(x)=0.7$ 时，这意味着什么呢？换句话说，可能存在几种不同的含义解释。

（1）可能性观点：已知群体中有 70% 的人认为，张三个子很高。

（2）随机集观点：已知群体中有 70% 的人认为，用"高"可以描述包含张三个子的区间。

（3）相似性观点：张三的个子与原参考物体的距离相比，相差程度为 0.3 成。

（4）效用观点：这里声称的 0.7 表明张三很高的实用性。

（5）测量观点：张三个子比其他人高，这个事实可用某种测量尺度编码为 0.7。

这几种解释类型来自对模糊性来源和本质的假设，每一种解释都蕴含着提取和构建隶属函数的计算方法。由扎德（1965）及其追随者所研究和描述的模糊集计算，有时作为揭示模糊性的计算是恰当的，而有时根据提供的解释来计算却又显得不合时宜。

当模糊理论研究者介绍和阐述模糊集理论时，关于隶属度的概念听起来相当直观易懂，原因在于它是一个众所周知的概念，即对经典集合概念的扩展或者推广。可是，当深入讨论"如何度量或测量隶属度？"这样的问题时，确实很难给出一种具有普遍共识的一致观点，这一点令人难以置信。

对于研究和应用模糊集的研究者来说，需要认识和回答下面三个问题：

（1）隶属度究竟是什么含义或者意思呢？

（2）如何测量隶属度？

（3）当考察隶属度方面（也就是隶属函数）的运算时，执行哪些运算是有意义的？

二、认识模糊性的不同认知框架

为了回答第一个问题，研究者必须认识看待模糊性的观点。对模糊性来源和本质的认识和解释，目前存在几种不同的趋势框架：有些研究者认为，模糊性是主观观点或看法，而非客观观点；另一些研究者认为，模糊性源于个人观点，而非群体观点。如图4.2所示。

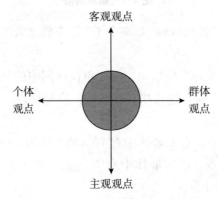

图 4.2 认识模糊性的不同认知框架

就前面的例子而言，一方面，隶属函数的可能性观点和随机集观点都隐含地假定存在多个评估者或者可以重复实验。因此，有些研究者认为，如果隶属函数是"有意义的表征"（meaning representation），那么它们就接近于"意义本质上是客观的"（meaning is essentially objective）这一主张，而模糊性来自不一致的观点或误差。

另一方面，在模糊集发展的早期阶段，将隶属函数看成主观的且与上下文相关的观点已经被广泛接受。隶属函数的相似性观点和效用观点则不同于其他观点，原因在于这两个观点支持主观解释。

　　测量观点在如下意义上可将主观观点和客观观点联系起来，也就是对待模糊性可采用两种不同的方式来定义，这取决于研究对象的观测评估者。具体地说，比较通常会涉及两个事物：一个是某标准的固定参考物，另一个是所研究的观测对象。因此，比较既可以是主观评价的结果，也可以是精确或理想化测量的结果。

　　下面介绍和阐述关于模糊性的随机集观点和效用观点。

三、随机集的观点

　　在前面内容中，我们已经利用垂直形式来刻画隶属函数的定义（可参看 Dubois 和 Prade[19]）。实际上，还存在另一种采用水平形式考察隶属函数的方法，其中论域 X 上的模糊集 F 用"水平 α 截集"表示，也就是

$$\{F_\alpha : \alpha \in (0，1]\} \tag{4.4}$$

其中 $F_\alpha = \{x : \mu_F(x) \geqslant \alpha\}$。扎德（1971）将隶属函数定义为

$$\mu_F(x) = \sup\{\alpha \in (0，1] : x \in F_\alpha\} \tag{4.5}$$

在这个表示法中，将隶属函数看成一系列嵌套的水平截集族，其中每一个水平集 F_α 在经典意义上都是经典集合，如图 4.3 所示。于是，将隶属函数表示成为积分形式，即

$$\mu_F(x) = \int_0^1 \mu_{F_\alpha}(x)\mathrm{d}\alpha \tag{4.6}$$

其中，如果 $x \in F_\alpha$，那么 $F_\alpha = 1$，否则 $F_\alpha = 0$。当然，前提是必须做出连续性和可测性的假设，此积分才能有意义并被计算出来。很明显，这是看待和研究隶属函数的非常严谨的数学观点。

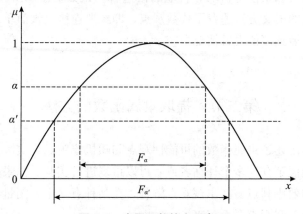

图 4.3　隶属函数的水平表示

在此观点下，隶属函数被看成是均匀分布的随机集，此集合由$[0，1]$上的勒贝格测度（Lebesgue measure）和集值映射 F_a：$(0，1]{\rightarrow}X$ 组成。

回到前面关于张三身高的例子，对于 $\mu_F(x)=0.7$ 来说，随机集的观点是：群体有 70% 的人将论域 X 上的区间定义为包含基于评估 F（例如身高）的 x 的区间，例如前面 $X=$ 张三的身高。而剩下的 30% 则将不包含 X 的区间定义为 F。

四、效用理论的观点

贾尔斯（R. Giles）在《隶属度的概念》[28] 中，为隶属函数提出了一种决策理论的解释。他认为，集合等价于性质，并主张通过将隶属函数与模糊推理问题结合起来考虑，给出隶属函数的合理意义。因此，他的研究遵循逻辑路径进行探索，为分级真值的概念提出了语义学理论。

他将模糊句子定义为"我们赋予一定信仰程度的句子"，这个句子是可能的世界（或思想、自然等的可能状态）的函数。贾尔斯考虑的是主张，而不仅仅是说出的句子。例如，当有人声称"张三个子很高"时，就假定存在一个与该主张相关的回报函数。如果那个人的陈述更加接近真值，那么这个回报函数会提供更多。这个假设推动了效用理论方法对隶属函数语义的研究。当采用这种方式定义时，效用方法就会产生区间尺度上的隶属函数。

他驳斥了上下文对隶属函数意义的影响，比如一个 160 厘米高的孩子是高个子的孩子，但不是高个子的人，同时声称，一个人应该试图代表正常社会中断言的平均意义。

如果以这种方式看待，那么理论的连接词不再是真值函数。因此，没有一个三角模和余模是析取和合取的候选者。正如贾尔斯所尝试的那样，模糊集理论的语义方法违背了代数观点，即经典连接词被简单地以真值函数的方式扩展到多值设置情况中。

第二节　提取隶属函数的方法

前一节阐述了隶属函数的可能性观点和随机集观点，实际上这两种观点都隐含地假定存在多个评估者或者可以重复进行实验。而隶属函数的相似性观点和效用观点支持主观观点解释。在某种意义上，测量观点可以将主观观点和客观观点联系起来。

梳理关于模糊性来源和本质的研究，特别是隶属函数的提取和构建的文献可以发现，存在多种多样的提取隶属函数的不同方法。下面介绍几种常用的隶属函数的提取方法。

例 4.2　考察张三个子是高个子集合的问题，某布料颜色属于特定颜色的问题。

（1）投票方法：征求某受访者（或专家），询问是否认为，张三个子是高个子。回答：是或否。类似地，考察某布料颜色是否归属特定颜色。颜色专家给出的答复：是或否。

（2）直接评分：通常，人们会判断某个布料的颜色（或者颜色深浅）属于什么颜色。依据颜色分类表，将某布料的颜色和分类表进行比较，才能确定它属于哪一个分类。

同样地，根据张三的身高，对张三的个子进行分类。这类问题一般表述为：F 在多大程度上属于 A 或者是 A？这种方法的本质是点估计。

（3）反向评分：识别张三的身高是否达到指定高度的 60%。这类问题一般表述为：确定 a 为 F 的程度是否已经达到 $\mu_F(a)$。

（4）区间估计：给出颜色区间，询问颜色专家，看看他认为布料 A 属于哪个区间。类似地，给出高个子的区间，认为张三的身高属于哪个区间。这个方法的本质是集值统计。

（5）依据隶属度评分：布料 A 的颜色属于（模糊的）深色集合的程度是多少？张三对于这群高个子人的归属感有多大？这类问题一般表述为：A 是 F 的程度有多大？

（6）两两比较法：布料 A 的颜色和布料 B 的颜色，哪一个颜色较深？或深色程度是多少？

（7）模糊聚类方法：给定一组高个子人的身高数据，将这组数据作为输入数据，利用聚类方法提取高个子人的模糊子集，然后考察张三的身高是否属于高个子集合。

（8）模糊神经网络方法：给定一组高个子人的输入数据，并用某个神经网络结构的方法，提取高个子人的模糊子集，然后考察张三的身高是否属于高个子集合。

为了满足解决各种实际问题的不同需求，研究者对于不同类型的问题开发了许多隶属函数的提取方法。每种提取方法都是在研究者思考、揭示模糊性的本质并用隶属函数刻画而给出特定解释的情况下，有时甚至是由隐式解释研发出来的。

重要的是，认识到采用什么提取和构建方法，通常需要满足所考察问题的隶属函数的解释类型的条件。文献中存在大量的关于隶属函数提取方法的实证研究。

这一节仅列出八种具有启发性的隶属函数的提取方法，不是非常完整全面。图 4.4 给出了看待模糊性的不同观点和隶属函数提取方法之间的关系。

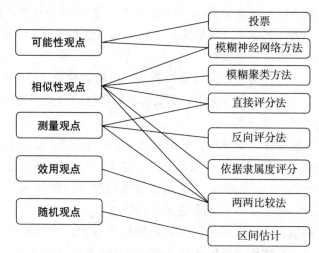

图 4.4　认识模糊性的不同观点和提取隶属函数方法的关系

第三节　模糊统计方法

为满足解决实际问题的不同需求，考虑到模糊性的本质表现出多样性和复杂性，隶属函数的提取和构建方法也会存在多种不同方式。于是产生了一个新的问题：从实用角度来看，隶属函数的提取方法是否存在一般性的指导原则？

关于隶属函数的提取方法，李安贵的《模糊数学及其应用》（第 2 版）[73] 归纳如下。

（1）如果用模糊集反映某个群体的共同意识，那么可利用大量可靠的重复观测表示主观看法的平均结果。此时，可采用模糊统计方法提取隶属函数。

（2）如果用模糊集刻画某个时期个体的意识、经验和判断，比如特定领域的专家对项目管理方法的评价，那么可采用专家评分法来提取和构建此类问题的隶属函数。

（3）如果刻画某问题的模糊集的隶属函数难以直接提取，但可比较两个元素对应的隶属度，那么可采用二元比较排序法提取隶属函数。

（4）当模糊集包含多个综合模糊因子时，通常首先确定每个模糊因子的隶属函数，然后利用加权法合成模糊集的隶属函数。

一、模糊统计方法

为了对概率统计和模糊统计之间的差异有一个较为全面的认识，首先回顾以往的随机试验过程，这大致包括四个部分：

（1）存在基本空间 Ω，它是由全部元素形成的空间。

（2）事件 A 是 Ω 中某个确定的经典集合。

（3）元素 $\omega \in \Omega$，ω 是变量（或变元），确定 ω 是指全部元素各自固定在某个特定状态上。

（4）条件 C，它是限制 ω 变动范围的约束条件。

概率统计的目标是推断某一事件发生的概率。如果 A 是清晰事件，那么 ω 表示随机试验（随机变化）的样本点。当 ω 落入 A 中时，表示 A 事件发生，否则 A 不发生。

为从图像上认识这样场景，可将 A 看成是一个固定的"点"，而将 ω 看成某特定条件 C 所限制的一个"圆"。因此，概率统计被看成是计算固定"点"落入"圆"的概率，如图 4.5（a）所示。

与以往随机试验相似，模糊统计的统计试验过程大致也包括四个部分。具体地说，包括：

（1）存在论域 X，它是由全部研究对象或元素组成。

（2）所要研究的论域 X 中的固定元素 x_0。

（3）论域 X 中所要考察的模糊子集 A，A 的边界可变动，以此揭示 A 的模糊性。每一次试验获得 x_0，判断 x_0 是否符合 A 所揭示的模糊性属性。

（4）条件 C，它是限制 A 变化的特定条件。

模糊统计试验的研究对象是 x_0，它作为"是与否"模糊的对象，其模糊性属性是通过隶属度的概念反映出来的。这里将 x_0 理解为论域 X 中的一个确定对象，并将它看成一个"点"，而将模糊子集 A 看成论域 X 中的一个"圆"，模糊统计可以理解为覆盖某个"x_0"点的变化的"圆"，如图 4.5（b）所示。

设 A 是模糊统计中具有可变边界的模糊子集，进行 n 次模糊统计试验，计算 x_0 对模糊子集 A 而言的隶属度频率，即将 x_0 属于 A 的隶属度频率定义为

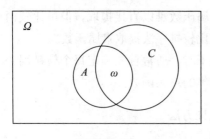
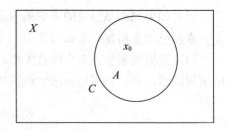

(a) 随机试验　　　　　　　　　　　(b) 模糊统计试验

图 4.5　随机试验和模糊统计试验

$$\frac{x_0 \in A \text{ 的次数}}{n} \tag{4.7}$$

其中，每次试验中 x_0 是固定的，而 A 是变化的。特别地，每次试验中 A 是经典集合。

模糊统计通常存在两种不同方法：一种是直接统计方法，另一种是间接统计方法。

二、直接统计方法

首先阐述常用的隶属度相对频率法，具体步骤如下：

（1）确定论域 X 的整体，然后进行抽样试验来确定变化 A 的集合。

（2）将集合中的元素从小到大分组，找出集合 A 中每一组的中值频率和相对频率。

（3）将纵坐标定义为相对频率，横坐标定义为集合中的元素，并绘制图形。

（4）找出图上的相对频率值，将其作为模糊集的隶属度。

其次，另一种常用的隶属度频率方法的具体步骤如下：

（1）将 A 分成合理的几组。

（2）找出目标值的出现频率和隶属频率。

（3）将纵坐标定义为隶属频次，横坐标为试验次数，绘制隶属度频次曲线。

现有的提取隶属函数的方法是由统计学中的集值统计方法推导而来的。和传统的数理统计相比，集值统计中总体 X 不是随机变量，而是随机集，即随机变化的数值区间，而样本实现 x 是特定的数值区间。描述随机集 X 概率特征的主要指标是随机集 X 覆盖或包含任意给定实数 t 的概率，即随机集 X 的落影，通常记为 $\mu_X(t)$。

设 X_1，X_2，$\cdots$，X_n 是总体 X 的简单随机样本（随机集），令 $X_i =$

$(X_{i0}, X_{i1}]$，其中 X_{i0}，X_{i1} 表示普通随机变量，$i=1, 2, \cdots, n$，X_1，X_2，$\cdots$，X_n 是相互独立的，并且与 X 具有相同的概率特征。

对于任意实数 t，定义样本 X_1，X_2，$\cdots$，X_n 覆盖 t 的频率：

$$P_X(t) = \frac{1}{n} \sum_{i=1}^{n} C_{X_i}(t) \tag{4.8}$$

其中 $C_{X_i}(t)$ 表示样本 X_i 的特征函数，则

$$C_{X_i}(t) = \begin{cases} 1, & t \in (X_{i0}, X_{i1}] \\ 0, & t \notin (X_{i0}, X_{i1}] \end{cases}, \quad i=1, 2, \cdots, n \tag{4.9}$$

根据落影的大数定律，当 $n \to \infty$ 时，样本 X_1，X_2，$\cdots$，X_n 的覆盖频率 $P_X(t)$ 收敛于随机集 X 的落影 $\mu_X(t)$，则

$$P_X(t) \to \mu_X(t) \tag{4.10}$$

设样本 X_1，X_2，$\cdots$，X_n 的实现是 x_1，x_2，$\cdots$，x_n，$x_i = (x_{i0}, x_{i1}]$，$i=1, 2, \cdots, n$，当 n 足够大时，可取落影 $\mu_X(t)$ 的估值 $\hat{\mu}_X(t)$ 作为对应的覆盖频率 $P_X(t)$，则

$$\hat{\mu}_X(t) = P_x(t) \tag{4.11}$$

$$P_x(t) = \frac{1}{n} \sum_{i=1}^{n} C_{x_i}(t) \tag{4.12}$$

$$C_{x_i}(t) = \begin{cases} 1, & t \in (x_{i0}, x_{i1}] \\ 0, & t \notin (x_{i0}, x_{i1}] \end{cases} \tag{4.13}$$

根据模糊统计方法，生成模糊集 A 的隶属函数 $\mu_A(t)$ 时，可将 A 看成随机集 X，$\mu_A(t)$ 为随机集 X 的落影 $\mu_X(t)$。此时，样本 X_1，X_2，$\cdots$，X_n 是 n 个受访者（或某领域专家）所确定的模糊集的值区间。假定样本数据是由受访者独立给出的并受到社会一致性概念的限制。同时，假定样本 X_1，X_2，$\cdots$，X_n 是相互独立的，具有相同的统计特征。

根据落影的大数定律，当 $n \to \infty$ 时，可以认为样本 X_1，X_2，$\cdots$，X_n 的覆盖频率 $P_x(t)$ 收敛于隶属函数 $\mu_A(t)$，这等价于认为隶属函数 $\mu_A(t)$ 客观存在。类似于集值统计方法，此时可以取隶属函数 $\mu_A(t)$ 的估计值：

$$\hat{\mu}_A(t) = P_x(t) \tag{4.14}$$

这种模糊统计方法是以覆盖模糊集的数值区间作为样本，但在一定程度上会掩盖受访者个体对模糊边界理解的不确定性。

例4.3 考察"年轻人"概念的区间表示。

为了认识和掌握"年轻人"这个模糊概念，研究者决定对某些受访者

进行调查，以便获得关于"年轻人"的年龄区间，用这些调查数据确定的"年轻人"的年龄的大致范围是(15，45]。可是，大多数受访者对这个区间内的值并无任何区分，或者说精细化的表述。

经过整理研究可以发现，受访者可能对年龄范围(20，40]持有完全正面的态度，而对年龄范围(15，20]与(40，45]，个别受访者则持有一定程度的怀疑。

这样，最终调查结果采用（15，45］作为"年轻人"的年龄区间。进一步研究发现，这在一定程度上掩盖了受访者对年龄界限认知的不确定性。其原因在于受访者对"年轻人"的理解可能会随着他们各自经历和知识结构的不同而有所差异。

为什么会出现例4.3所涉及的问题呢？

目前，模糊统计方法没有充分考虑受访者个体之间的认知差异，其统计结果不可能真实反映模糊集的特征。

如果受访者认为"年轻人"的年龄区间是(15，45]，那么这个统计数字所确定的"年轻人"的年龄范围就具有明确的界限。很明显，这可能是一种错觉，掩盖了受访者个体的实际知识，而且他们对年龄边界的理解可能存在差异。

因此，如何更好地提取和展示受访者个体之间的认知差异，是激励研究和开发新的提取隶属函数的动力。下面所述的间接统计方法就是适应这种需求而提出的。

三、间接统计方法

本质上，模糊集的不确定性主要体现在模糊集的边界上。下面所述的间接统计方法就采用隶属度密度函数来描述模糊边界的特征。

设模糊集 A 的隶属函数可以表示成一般形式，即

$$\mu_A(x) = \begin{cases} 0, & t \in (-\infty, a_1] \\ H_a(t), & t \in (a_1, a_2] \\ 1, & t \in (a_2, b_1] \\ H_b(t), & t \in (b_1, b_2] \\ 0, & t \in (b_2, +\infty] \end{cases} \tag{4.15}$$

将集合 $a = (a_1, a_2]$ 与 $b = (b_1, b_2]$ 分别称为模糊集 A 的上界与下界，也称为模糊集 A 的模糊边界，它们具有不确定性。于是，集合

$$f_a(t) = \frac{\mathrm{d}H_a(t)}{\mathrm{d}t}, \ t \in (a_1, a_2] \tag{4.16}$$

$$f_b(t) = \frac{\mathrm{d}H_b(t)}{\mathrm{d}t}, \quad t \in (b_1, b_2] \tag{4.17}$$

分别称为模糊边界 a 与 b 的隶属度密度函数，从而得出隶属函数是

$$\mu_A(x) = \begin{cases} 0, & t \in (-\infty, a_1] \\ \int_{a1}^{t} f_a(y)\mathrm{d}y, & t \in (a_1, a_2] \\ 1, & t \in (a_2, b_1] \\ \int_{t}^{b2} f_b(y)\mathrm{d}y, & t \in (b_1, b_2] \\ 0, & t \in (b_2, +\infty] \end{cases} \tag{4.18}$$

如果从形式上考察，可以认为 a 与 b 是随机变量，那么

$$\mu_A(t) = P\{a \leqslant t \leqslant b\} = P\{a \leqslant t\}P\{b > t\} \tag{4.19}$$

在引入隶属度密度函数后，以覆盖模糊集 A 的数值区间 $(a_1, b_2]$ 为样本，通过模糊统计直接生成隶属函数，有两种方法可以生成模糊集 A 的隶属度函数 $\mu_A(t)$。第一种方法是提取隶属函数的直接统计方法，其中包括现有模糊统计方法；而第二种方法是提取隶属函数的间接统计方法。

当用覆盖模糊边界 a 与 b 的数值区间 $(a_1, a_2]$ 与 $(b_1, b_2]$ 作为样本时，首先根据模糊统计量生成模糊边界 a 与 b 的隶属度密度函数，然后根据式（4.16）与式（4.17）生成隶属函数。

例 4.4　考察"年轻人"概念的隶属函数。

根据本节所述的第二种方法，提取和生成"年轻人"的隶属函数时，调查内容应为"年轻人的下界"和"年轻人的上界"，分别对应于模糊边界 a 与 b。然后，受访者需要分别给出 a 与 b 的年龄范围 $(a_1, a_2]$ 与 $(b_1, b_2]$，其中 a_1 表示下界中根本不属于"年轻人"的最大年龄，a_2 表示完全属于"年轻人"的最小年龄。类似地，b_1 表示完全属于"年轻人"的最大年龄，b_2 表示上界不完全属于"年轻人"的最小年龄。因此，这样的样本能充分反映受访者个体对模糊边界理解的不确定性。

参考现有的模糊统计方法，可得到模糊边界的隶属度密度函数。对于下界 a 来说，设样本的实现是 n 个特定的数值区间 $a_1, a_2, \cdots, a_n$，其中

$$a_i = (a_{i0}, a_{i1}], \quad i = 1, 2, \cdots, n \tag{4.20}$$

其中 a_{i0} 与 a_{i1} 表示下界 a 的第 i 组具体调查数据。定义涵盖任意实数 t 的样本实现 $a_1, a_2, \cdots, a_n$ 的频率密度：

$$p_a(t) = \frac{1}{n} \sum_{i=1}^{n} \frac{C_{ai}(t)}{a_{i1} - a_{i0}} \tag{4.21}$$

它反映出$\{t\in(a_{i0},a_{i1}]\}$的信任密度。利用目前的模糊统计方法，可取下界a的隶属度密度函数的估计值为

$$\hat{f}_a(t)=p_a(t) \tag{4.22}$$

同理，上界b的隶属度密度函数的估计值可取为

$$\hat{f}_b(t)=p_x(t)=\frac{1}{n}\sum_{i=1}^n\frac{C_{bi}(t)}{b_{i1}-b_{i0}} \tag{4.23}$$

$$b_i=(b_{i0},b_{i1}] \tag{4.24}$$

其中b_{i0}，b_{i1}表示上界b的第i组的调查数据，于是通过式（4.17）确定模糊集A的隶属函数$\mu_A(t)$。

由于具有模糊边界的样本能充分反映受访者个体对模糊边界理解的不确定性，根据其统计结果提取和生成的隶属度密度函数能更真实地反映模糊集的特征。

第四节　应用事例

这一节引用 J. Zhou 等（2016）[69]。在工程结构设计中，要求混凝土受弯构件的挠度极限不应影响构件的正常使用，但通常很难用完全准确界限来区分正常与异常。受弯构件的最大挠度应按照荷载效应的标准组合并考虑长期作用影响，其计算值不应超过表 4.1 所规定的挠度限值。

表 4.1　构件类型和挠度限值

构件类型	挠度限值
屋盖、楼盖及楼梯构件	
当 $l_0<7\text{m}$ 时	$l_0/200(l_0/250)$
当 $7\text{m}\leqslant l_0\leqslant 9\text{m}$ 时	$l_0/250(l_0/300)$
当 $l_0>9\text{m}$ 时	$l_0/300(l_0/400)$

结构使用性能的失效准则往往是模糊的，这直接影响结构可靠性分析的结果。隶属函数是描述失效准则模糊性的基本数学工具。

根据前面的理论，对模糊集的研究可以转变为对模糊集边界的研究，在此基础上，设计出混凝土受弯构件挠度控制的标准问卷。

目前，提取和构建隶属函数的模糊统计方法是以模糊集的数值区间作为

样本，通过统计直接提取隶属函数。但是，样本会在一定程度上覆盖受访者个体对模糊边界理解的不确定性，其统计结果难以真实反映模糊集的特征。

隶属度密度函数描述模糊边界，并将覆盖模糊边界的数值区间作为样本。这里采用上一节提出的提取隶属度密度函数的模糊统计方法，并提取和构建隶属函数的间接统计方法。

例 4.5　考察关于混凝土屋盖、楼盖及楼梯构件组件的跨距问题。通常 $l_0 < 7$ 米，l_0 表示跨距，在跨距小于 7 米的条件下，有时需要考虑 7 米左右的情况，比如 $l_0 = 6$ 米。

设模糊集 $A = \{$影响使用$\}$，令 A 的下界为 a，表示不影响使用，而 A 的上界为 b，表示影响使用。于是，A 的下界与上界的实现值分别是 $(a_{i0}, a_{i1}]$ 与 $(b_{i0}, b_{i1}]$。

调查对象主要是来自陕西省西安市部分设计院、部分施工单位的 136 名专家学者。调查这些受访者，请他们依据个人经验和知识，给出认为合适的答案。剔除 136 份问卷中的异常数据，最终获得有效数据 75 份。调查结果如表 4.2 所示。

表 4.2　调查结果

i	a_{i0}	a_{i1}	b_{i0}	b_{i1}	i	a_{i0}	a_{i1}	b_{i0}	b_{i1}	i	a_{i0}	a_{i1}	b_{i0}	b_{i1}
1	23	27	33	37	16	24	26	32	34	31	23	25	34	36
2	23	27	33	37	17	25	27	32	34	32	18	20	32	33
3	18	20	38	40	18	24	26	34	36	33	24	26	33	36
4	18	20	34	36	19	20	38	40	34	24	26	33	36
5	24	26	34	36	20	23	25	38	40	35	24	26	33	35
6	25	27	33	35	21	24	26	33	37	36	18	20	38	40
7	24	26	38	40	22	24	26	33	37	37	18	20	38	40
8	20	22	38	40	23	24	26	34	36	38	27	29	34	38
9	20	22	38	40	24	24	26	34	36	39	26	27	32	35
10	18	20	38	40	25	24	26	34	36	40	27	28	32	33
11	20	22	32	33	26	23	27	33	37	41	20	24	33	37
12	26	28	38	40	27	18	20	38	40	42	27	28	32	33
13	26	28	34	36	28	22	26	38	40	43	27	28	32	33
14	26	28	34	36	29	18	20	38	40	44	18	20	34	36
15	24	26	34	36	30	24	26	34	36	45	24	26	34	36

续表

i	a_{i0}	a_{i1}	b_{i0}	b_{i1}	i	a_{i0}	a_{i1}	b_{i0}	b_{i1}	i	a_{i0}	a_{i1}	b_{i0}	b_{i1}
46	24	26	34	36	56	24	26	38	40	66	27	28	35	37
47	24	26	34	36	57	27	28	38	40	67	26	28	32	34
48	27	28	32	33	58	28	30	34	36	68	27	28	32	33
49	27	28	32	33	59	24	26	34	36	69	21	23	34	36
50	27	28	32	33	60	24	26	34	36	70	27	28	32	33
51	18	20	38	40	61	24	26	32	25	71	18	20	34	36
52	18	20	34	36	62	25	27	32	34	72	18	20	38	40
53	27	28	32	33	63	27	28	32	33	73	25	28	32	34
54	27	28	32	33	64	27	28	32	33	74	18	20	38	40
55	27	28	32	33	65	27	28	32	33	75	18	20	32	35

这里采用两种不同的提取隶属函数的方法：一种是直接统计方法，另一种是间接统计方法。为了进行比较分析，根据直接统计方法生成隶属函数时，取样本实现值$(a_{i0}, b_{i1}]$，设隶属函数是

$$\mu_A(x)=\begin{cases} \dfrac{1}{10}(x-18), & x\in[18, 28) \\ 1, & x\in(28, 33] \\ \dfrac{1}{10}(50-x), & x\in(33, 40] \\ 0, & x\text{ 取其他数} \end{cases}$$

根据间接统计方法提取和构建隶属函数时，取样本实现值$(a_{i1}, b_{i0}]$，设隶属函数是

$$\mu_A(x)=\begin{cases} \dfrac{1}{12}(x-18), & x\in[18, 30) \\ 1, & x\in(30, 32] \\ \dfrac{1}{12}(40-x), & x\in(32, 40] \\ 0, & x\text{ 取其他数} \end{cases}$$

对于上述两种方法所提取的隶属函数，分别画出它们的图形，如图4.6所示。可以看出，根据间接统计方法，两种统计方法生成的隶属函数并不相同，隶属函数的下界a与上界b的宽度都比较大。它们源于受访

者对模糊边界 a 与 b 理解的不确定性，而根据直接统计方法能更真实地反映模糊集的特征，下界 a 与上界 b 的宽度相对较小。它们只反映了受访者对挠度极限 a_1 的下界和挠度极限 b_2 的上界的认识，即对模糊集两端边界的认识。

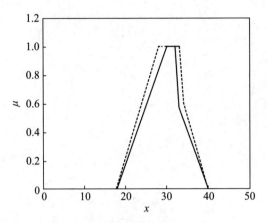

图 4.6　两种模糊统计方法的比较

　　实际上，对于不同受访者来说，他们的工作经历和知识结构会存在着某些差异，同时各自的实际经验也可能会有一定程度的不同，这在一定程度上包括了受访者个体对模糊边界 a 与 b 理解的不确定性。

　　当考察两种不同的模糊统计方法所得的结果时，可以发现确有细微差异。这表明，利用间接统计方法提取和生成的隶属函数能更充分地反映受访者对模糊边界理解的不确定性，更真实地反映模糊集的特征。

　　可以看出，对于同一个工程结构设计问题，可依据不同的需求和综合因素（比如成本限制、质量要求）来选用不同的模糊统计方法提取和构建隶属函数。

第二部分

模糊数据统计分析方法及应用

第二部分主要分析和阐述模糊数据统计分析方法及应用，包括 11 章，这是全书的核心内容。

第五章的研究对象是模糊数据，分析和阐述模糊数据的大小排序问题。鉴于模糊数据存在各类不同形式，刻画表述也呈现出多样性，提取模糊数据的内涵特性的角度也会有所不同。对于模糊数据的排序问题，这一章介绍和讨论了多种不同方法。这一点反映出模糊数据的模糊性和复杂性。

第六章从两个维度来阐述和讨论模糊数据的集中趋势。一个维度是从模糊数学表述形式的外在特征出发，提出计算模糊数据序列的算术平均数、中位数的方法和公式；另一个维度是从提取模糊数据的内涵特性出发，分析并给出计算模糊数据序列的均值、中位数的方法和公式。

第七章至第十章阐述和分析模糊统计分析估计方法。本书认为，模糊统计分析估计方法是指以模糊数据作为概率密度函数或离散的概率质量函数的参数估计值。第七章提出模糊估计量，第十章提出广义模糊估计量，并将它们应用于单个正态分布总体的均值、方差的模糊估计，以及两个正态分布总体均值之差的模糊估计等，并给出了多个应用实例。

第十一章至第十四章是关于模糊统计假设检验问题，主要阐述利用前面提出的模糊估计量的分析和计算方法来研究单个正态分布总体均值的模糊统计假设检验、方差的模糊统计假设，以及两个正态分布总体均值之差、方差之比的模糊假设检验等，并给出了应用实例。

第十五章主要分析和提出一种基于模糊数值的统计检验方法，即模糊 p 值。可以证明，在由模糊 p 值的特征函数所确定的某个区间之外，也可以做出明确的统计决策。

第五章　模糊数据的排序方法

在实数运算中，除了四则运算之外，同时存在两个实数之间比较大小的排序问题。类似地，在模糊数据之间是否存在比较大小的排序问题呢？

实际上，不仅存在模糊数据的排序问题，而且文献中存在大量的关于模糊数据排序问题的深入探索，迄今已经提出 40 多种不同的比较方法或指标。然而，关于这个问题存在许多争论，研究者可能不同意彼此的方法，至今都没有一种得到普遍接受且公认的唯一的规范方法。

在涉及模糊信息的决策分析中，模糊数据经常被用来描述在现实问题的建模中备选方案的绩效表现。对备选方案进行排序或选择，就需要对模糊数据进行比较。和实数相比，最大的不同之处是模糊数据没有自然顺序。

模糊数据排序的一种简单的思想方法是，将模糊数据变换（或转换）成为实数，为比较模糊数据的大小顺序提供基础。不过，每一种变换方式都是关注模糊数据的某个特殊方面。

第一节　模糊数据的排序方法（Ⅰ）

目前，梳理关于模糊数据排序问题的文献，可以发现研究排序大致有三类方法。第一类方法，每个指标都与一个从模糊数据集合到实线 $\mathbb{R}$ 的映射 F 相关联，以便将所研究的模糊数据转换成实数，然后根据相应的实数对模糊数据进行比较。第二类方法，建立参考集（reference set），并将所有待排序的模糊数据与参考集进行比较。第三类方法，构造一个模糊关系来对所研究的模糊数据进行两两比较。这些两两比较是获得最终排序的基础。

　　模糊数据作为模糊集的一种形式，在某种意义上表示边界模糊的实数区间。模糊数据是实数集在某些附加条件下满足的模糊子集。

　　实际上，与前面所述的模糊集各类运算类似，对模糊数据进行运算时，其计算结果取决于模糊数据的隶属函数形状。当它们的隶属函数的形状比较简单时，各种运算也具有更直观、自然的解释。这些运算主要基于扩张原理或者区间算术。

　　定义 5.1　　如果对于所有 $x<0$，它的隶属函数是 $\mu(x)=0$，则模糊数 A 称为正的。如果对于所有 $x>0$，$\mu(x)=0$，则模糊数 A 称为负的。

　　模糊数 A 是正的或负的时其隶属函数的图形如图 5.1(a)、(b) 所示。

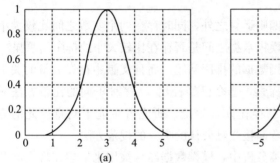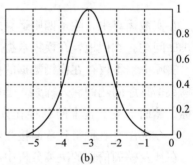

图 5.1　正模糊数和负模糊数的隶属函数

　　前面已经介绍了模糊集 A 的支集 supp$A$ 的含义。对于模糊数据来说，除了前面阐述的模糊数据的定义之外，还经常采用另一个等价形式，也就是模糊数据的另一个定义：一个上半连续的、有界的（有界支集）、凸的和正规的模糊数量。

　　定义 5.2（模糊数据的定义）　　论域 X 中的模糊子集 A 称为模糊数据，如果 $\mu_A \to [0,1]$ 是实直线 $\mathbb{R}$ 上的模糊集，并满足下面性质：

　　（i）μ_A 是正规的，即存在 $x \in A$，且 $\mu_A(x)=1$。

　　（ii）μ_A 是凸的，即 $tx + (1-t)y \geqslant \min\{\mu(x), \mu(y)\}$，$x, y \in A$，$0 \leqslant t \leqslant 1$。

　　（iii）μ_A 是上半连续的，即对于任意 $\varepsilon > 0$ 都存在 x_0 的开邻域 U，使得 $\forall x \in U$，$\mu(x) \leqslant \mu(x_0) + \varepsilon$。有时，也表示成 $\limsup\limits_{x \to x_0} \mu(x) \leqslant \mu(x_0)$。

　　（iv）suppμ 是 $\mathbb{R}$ 上的紧集，其中 supp$\mu=\{x \in \mathbb{R}: \mu(x)>0\}$。

对于模糊数据 A 来说，区间 $A_1 = \{x \mid A(x) = 1\}$ 称为核（kernel）或者 A 的模态值区间。模态值区间的左边非递减函数和模态值区间的右边非递增函数分别被称为左边和右边。

下面考虑模糊数据的一种特殊情况，即梯形模糊数据，其中梯形模糊数据的左边与右边均为直线，具有支集 $\mathrm{supp}A = [a, b]$，而且模态值区间为 $[c, d]$，这时用 (a, b, c, d) 表示。

特别地，当 $c = d$ 时，梯形模糊数据转变为三角模糊数据。用 (a, b, c) 表示具有支集 $\mathrm{supp}A = [a, b]$ 与模态值 c 的三角模糊数。

给定一种排序方法，$A > B$ 表示 A 的排序高于 B，$A \sim B$ 表示 A 与 B 相同且至少与 B 相同，$A < B$ 与 $A \leqslant B$ 分别等价于 $B > A$ 与 $B \geqslant A$。

定义 5.3　设 $A_1, \cdots, A_n$ 表示模糊数据序列，定义 $a_{i\alpha}^{-} = \inf A_{i\alpha}$ 与 $a_{i\alpha}^{+} = \sup A_{i\alpha}$，其中 $A_{i\alpha}$ 表示 A_i 的 α 截集，即 $A_{i\alpha} = \{x \mid x \in \mathbb{R} \text{ 且 } A_i \geqslant \alpha\}$。

下面阐述第一类排序和第二类排序的指标方法。

一、第一类排序方法

首先阐述第一类中的几种简单的排序方法。

（1）Adamo 方法。给定 $\alpha \in (0, 1]$，Adamo 利用 α 截集的最大右点，直接计算模糊量。因此，排序指标定义为

$$AD^{\alpha}(A_i) = a_{i\alpha}^{+} \tag{5.1}$$

（2）Yager 方法。Yager 提出用四个指标对 $[0, 1]$ 中的模糊数量进行排序的指标，具体而言

$$Y_1(A_i) = \frac{\int_0^1 g(x) A_i(x) \mathrm{d}x}{\int_0^1 A_i(x) \mathrm{d}x} \tag{5.2}$$

其中 $g(x)$ 度量 x 值的重要性。在下面的讨论中将 $g(x)$ 设定为 $g(x) = x$。

$$Y_2(A_i) = \int_0^{\mathrm{hgt}(A_i)} M(A_{i\alpha}) \mathrm{d}\alpha \tag{5.3}$$

其中 $M(A_{i\alpha})$ 表示 $A_{i\alpha}$ 的各个元素的均值。

$$Y_3(A_i) = \int_0^1 |x - A_i(x)| \mathrm{d}x \tag{5.4}$$

$$Y_4(A_i) = \sup_{x \in [0,1]} \min(x, A_i(x)) \tag{5.5}$$

（3）Chang 方法。Chang 提出了一种采用下面的积分来定义的排序

方法：

$$C(A_i) = \int_{x \in \text{supp}A_i} x A_i(x) \mathrm{d}x \qquad (5.6)$$

（4）Campos 和 Munoz 方法。Campos 和 Munoz 提出一组用于对模糊数据进行排序的平均指标方法，计算公式是

$$CM(A_i) = \int_Y f_{A_i}(\alpha) \mathrm{d}P(\alpha) \qquad (5.7)$$

其中 Y 是单位区间的子集，$\mathbb{P}$ 是 Y 上的概率测度，$f_{A_i}: Y \rightarrow \mathbb{R}$ 表示对于任意 $\alpha \in Y$，α 截集的位置。Campos 和 Munoz 提出 $f_{A_i}(\alpha) = \lambda a_{i\alpha}^+ + (1-\lambda) a_{i\alpha}^-$ 是乐观-悲观指标，满足 $\lambda \in [0, 1]$。

为了方便讨论，将考察两种特殊情况：

（ⅰ）当 $P(]a, b[) = b - a$ $(0 \leqslant a < b \leqslant 1)$ 且 $Y = [0, 1]$ 时

$$CM_1^\lambda(A_i) = \int_0^1 \alpha(\lambda a_{i\alpha}^+ + (1-\lambda) a_{i\alpha}^-) \mathrm{d}x \qquad (5.8)$$

（ⅱ）当 $P(]a, b[) = b^2 - a^2$ $(0 \leqslant a < b \leqslant 1)$ 且 $Y = [0, 1]$ 时

$$CM_2^\lambda(A_i) = 2\int_0^1 \alpha(\lambda a_{i\alpha}^+ + (1-\lambda) a_{i\alpha}^-) \mathrm{d}x \qquad (5.9)$$

注意，当 A_i 是凸集时，有 $M(A_{i\alpha}) = \dfrac{1}{2}(a_{i\alpha}^- + a_{i\alpha}^+)$。对于模糊数据 A_i，则有 $Y_2(A_i) = CM_1^{1/2}(A_i)$。

（5）Liu 和 Wang 方法。设 $A_1, \cdots, A_n$ 是连续的模糊数据。设 A_i 的左边 l_i 是严格递增函数，A_i 的右边 r_i 是严格递减函数。同时设 l_i 与 r_i 的逆函数存在，分别用 l_i^- 与 r_i^- 表示。Liu 和 Wang 将排序问题的指标方法定义为

$$LW^\lambda(A_i) = \lambda \int_0^1 l_i^-(y) \mathrm{d}y + (1-\lambda) \int_0^1 r_i^-(y) \mathrm{d}y \qquad (5.10)$$

其中 $\lambda \in [0, 1]$ 是反映决策者持有乐观观点的乐观-悲观程度指数。λ 的值越大，决策者就会越乐观。这里存在两种极端情况：一种情况是 $\lambda = 0$，表明决策者是完全悲观的；另一种情况是 $\lambda = 1$，表明决策者是完全乐观的。当 $\lambda = \dfrac{1}{2}$ 时，这反映出一种线性决策态度。

注释　在假设 $A_1, \cdots, A_n$ 是连续模糊数据且具有严格递增的左边和严格递减的右边情况下，很容易证明：$l_i^-(y) = a_{iy}^+$ 与 $r_i^-(y) = a_{iy}^-$。因此，

$$CM_1^\lambda(A_i) = LW^\lambda(A_i)。$$

二、第二类排序方法

下面阐述第二类中的几种简单的排序方法。

(1) Jain 方法。对于任意 $x \in \mathbb{R}$，基于下述模糊最大化集

$$A_{\max}(x) = \left(\frac{x}{x_{\max}}\right)^k \tag{5.11}$$

提出定义，其中 $k > 0$ 是实数，$x_{\max} = \sup \bigcup_{i=1}^n \text{supp}A_i$。利用

$$J^k(A_i) = \sup_{x \in \mathbb{R}} \min(A_{\max}(x),\ A_i(x)) \tag{5.12}$$

指标对模糊数据的大小进行排序，比较大的 $J^k(A_i)$ 指标意味着 A_i 的排序比较高。

(2) Kerre 方法。Kerre 通过计算 A_i 与 $\widetilde{\max}(A_1, \cdots, A_n)$ 的汉明距离，提出一种排序方法

$$K(A_i) = \int_S |A_i(x) - \widetilde{\max}(A_1, \cdots, A_n)(x)|\,\mathrm{d}x \tag{5.13}$$

其中 $S = \bigcup_{i=1}^n \text{supp}A_i$。

(3) Chen 方法。Chen 认为，如果对于某个 $i\,(1 \leqslant i \leqslant n)$

$$\text{supp}A_i \cap]-\infty, 0[\neq \varnothing$$

那么前面所介绍的 Jain 方法将不能应用。因此，Chen 对于任意 $x \in \mathbb{R}$，对模糊最大最小集合 $A_{\max}$ 重新定义为

$$A_{\max}(x) = \left(\frac{x - x_{\min}}{x_{\max} - x_{\min}}\right)^k \tag{5.14}$$

其中 $x_{\max}$、k 和 Jain 方法中的相同，而 $x_{\min} = \inf \bigcup_{i=1}^n \text{supp}A_i$。同时，引入模糊最小最小化集合 $A_{\min}$ 作为 $A_{\max}$ 的对偶，并将其定义为

$$A_{\min}(x) = \left(\frac{x_{\max} - x}{x_{\max} - x_{\min}}\right)^k \tag{5.15}$$

A_i 的左效用 $L(A_i)$ 和右效用 $R(A_i)$ 分别是

$$L(A_i) = \sup_{x \in \mathbb{R}} \min(A_{\min}(x),\ A_i) \tag{5.16}$$

$$R(A_i) = \sup_{x \in \mathbb{R}} \min(A_{\max}(x),\ A_i) \tag{5.17}$$

最后，将总效用计算为

$$CH^k(A_i) = \frac{1}{2}(R(A_i) + 1 - L(A_i)) \tag{5.18}$$

对于某些特定类型的模糊数，Chen 用 $k = 1/2$，1，2 给出了具体的计算公式。

（4）Wang 方法。设 A_1，$\cdots$，A_n 是模糊数。受 Kerre 方法的启发，Wang 通常运用 A_i 与 $\widetilde{\max}(A_1, \cdots, A_n)$ 的接近度来评估 A_i。A_i 越接近于 $\widetilde{\max}(A_1, \cdots, A_n)$，$A_i$ 的排名就越好。除了汉明距离，同时考虑了其他三种接近度测度。这里给出其中一种，具体如下：

$$W(A_i) = \frac{\displaystyle\int_S \min(A_i(x) - \widetilde{\max}(A_1, \cdots, A_n)(x))\mathrm{d}x}{\displaystyle\int_S \max(A_i(x) - \widetilde{\max}(A_1, \cdots, A_n)(x))\mathrm{d}x} \tag{5.19}$$

（5）Kim 和 Park 的方法。与前面 Chen 方法类似，Kim 和 Park 也引入模糊最大化集合和模糊最小化集合作为参考集。他们对于任意的 $x \in \mathbb{R}$，分别定义

$$A_{\max} = \frac{x - x_{\min}}{x_{\max} - x_{\min}} \tag{5.20}$$

$$A_{\min} = \frac{x_{\max} - x}{x_{\max} - x_{\min}} \tag{5.21}$$

由于参数 $k \in [0, 1]$ 反映了决策者的风险态度，排序指标被定义为

$$KP^k(A_i) = k\,\mathrm{hgt}(A_i \cap A_{\max}) + (1 - k)(1 - \mathrm{hgt}(A_i \cap A_{\min})) \tag{5.22}$$

当 $k = \dfrac{1}{2}$ 时，决策者是风险中性的。当 $k > \dfrac{1}{2}$ 或者 $k < \dfrac{1}{2}$ 时，决策者是风险偏好的或风险规避的。很明显，$KP^{1/2} = CH^1$。

对于第二类方法，越是接近于 $A_{\max}$ 或 $\widetilde{\max}$ 的模糊数量，其模糊排序就会越高。越是接近于 $A_{\min}$ 或 $\widetilde{\min}$ 的模糊数据，其模糊排序就会越低。因此，对应于较大值的模糊数据，这些模糊数据的指标 J^k，CH^k，KP^k 以及 W 的排序就越会高。下面用 J^k 举例说明。

（ⅰ）通过 J^k 排序得出，$A_i > A_j \Leftrightarrow J^k(A_i) > J^k(A_j)$

（ⅱ）通过 J^k 排序得出，$A_i \sim A_j \Leftrightarrow J^k(A_i) = J^k(A_j)$

（ⅲ）通过 J^k 排序得出，$A_i \geqslant A_j \Leftrightarrow$ 通过 J^k 排序得出 $A_i > A_j$ 或经由 J^k 排序得出 $A_i \sim A_j$。

基于 K 的排序则正好相反，模糊数据 A_i 的值 $K(A_i)$ 越小，其排序就会越高。

实际上，当 $CH^k(A_i) = CH^k(A_j)$ 时，Chen 认为模糊数据的模态值区间位置可进一步区分 A_i 与 A_j。不过，Chen 仅针对三角形模糊数据做出解释。研究这个问题没有一般规则。如果 $CH^k(A_i) = CH^k(A_j)$，那么假设 A_i 与 A_j 经由 CH^k 得出的排序是相同的。

第二节　模糊数据的排序方法（Ⅱ）

下面考察模糊数据与实数之间如何进行排序来比较大小的问题。考察模糊数据 A，比如三角形模糊数 $A = (a, b, c)$ 以及某个实数 δ，定义它们之间的排序：

(1) 当 $a \geqslant \delta$ 时，可记为 $A \geqslant \delta$；　　　　　　　　　　　(5.23)

(2) 当 $a > \delta$ 时，可记为 $A > \delta$；　　　　　　　　　　　(5.24)

(3) 当 $c \leqslant \delta$ 时，可记为 $A \leqslant \delta$；　　　　　　　　　　　(5.25)

(4) 当 $c < \delta$ 时，可记为 $A < \delta$。　　　　　　　　　　　(5.26)

对于支集是区间 $[a, c]$ 的三角形模糊数据来说，用同样记号表示这种排序或不等式。

在模糊数据统计中，特别是模糊数据假设检验问题会涉及两个或几个模糊数据排序比较大小的情况。

为了方便研究后面几章的模糊假设检验问题，这里讨论如下模糊数据排序的方法。如同上一节所述，如果采用不同的定义方法，那么可能得到不一样的排序结果。

定义 5.4　对于两个任意给定的模糊数据 A_i 与 A_j，定义 A_i 小于或等于 A_j 的关系，如果

$$v(A_i \leqslant A_j) = \max\{\min(A(x), A(y)) | x \leqslant y\} \qquad (5.27)$$

其中 $v(A_i \leqslant A_j)$ 表示两个模糊数据之间进行大小比较的指标。

如果 $v(A_i \leqslant A_j) = 1$ 且 $v(A_i \leqslant A_j) < \eta$，其中 $\eta \in (0, 1]$ 表示具有临界值含义的某个常值，也就是检验水平，这里选取 $\eta = 0.8$，则可以定义 $A_j < A_i$。

具体而言，当选取 $\eta = 0.8$ 时，如果 $v(A_j \leqslant A_i) = 1$ 且 $v(A_i \leqslant A_j) < 0.8$，则有 $A_j < A_i$。

类似地，如果 $v(A_i \leqslant A_j) = 1$ 且 $v(A_j \leqslant A_i) < 0.8$，则定义 $A_i < A_j$。

特别是，当 $A_i < A_j$ 以及 $A_j < A_i$ 均不成立时，定义 $A_i \approx A_j$。

注意，$A_i \leqslant A_j$ 意指 $A_i < A_j$ 或者 $A_i \approx A_j$。

观察发现，这里"$\approx$"并不具有传递性。回顾传递性，如果 $A_i \approx A_j$ 且 $A_j \approx A_s$，那么 $A_i \approx A_s$。因此，有可能发生的情况是：$A_i \approx A_j$ 且 $A_j \approx A_s$，但 $A_i < A_s$。这是因为 A_j 稍微位于 A_i 的右边（$A_i \approx A_j$），而 A_s 稍微位于 A_j 的右边（$A_j \approx A_s$），进而导致 A_s 已经位于 A_i 的右边相当远的地方，所以 $A_i < A_s$。

尽管这个方法没有传递性，但是仍然具有十分重要的应用，利用该方法可将模糊集合（其由一组模糊数据构成）分割成 $H_1, \cdots, H_K$ 共 K 个集合。此 K 个集合满足：

（ⅰ）若 A_i 与 A_j 同属于某个集合 H_k （$1 \leqslant k \leqslant K$），则 $A_i \approx A_j$，也就是 $A_i \in H_k$ 且 $A_j \in H_k$ （$1 \leqslant k \leqslant K$），则 $A_i \approx A_j$。

（ⅱ）若 $A_i \in H_p$，$A_j \in H_q$，并且 $p < q$，则 $A_i \leqslant A_j$。

因此，通过这种方法就可将一组模糊数据归类到 $H_1, \cdots, H_K$ 共 K 个集合，可以发现，排序最高的模糊数据都属于 H_k 集合，而排序次高的模糊数据都属于 H_{k-1} 集合，可依此类推。

若将所有模糊数据绘在同一个横轴上，则观察发现，排序最高的模糊数据（H_k 集合）聚集在一起，而排序次高的模糊数据（H_{k-1} 集合）也聚集在一起，并且在 H_k 集合的左侧。

对于模糊数据序列来说，存在一种简单方法来确定 $A_i \leqslant A_j$ 或 $A_i \approx A_j$。如果 A_j 的核完全位于 A_i 的核的右边，则 $v(A_i \leqslant A_j) = 1$。如果 A_i 的核与 A_j 的核出现交叠，则 $A_i \leqslant A_j$。

现在，就三角形模糊数据而言，假定 A_j 的核位于 A_i 的核的右边，如图 5.2 所示，我们希望计算 $v(A_i \leqslant A_j)$。对于图 5.2 所示的两个三角形模糊数据，$v(A_j \leqslant A_i)$ 就是 y_0。

通常，对于三角形模糊数据或三角形态模糊数据来说，当 A_j 的核位于 A_i 的核的右边时，三角形模糊数据（或三角形态模糊数据）$v(A_j \leqslant A_i)$ 就是其交集。

倘若在纵轴上选定检验水平临界值 η，比如取 $\eta = 0.8$，则画出一条水平线通过 η。

如果图 5.2 中 y_0 位于该水平线下方，即 $y_0 < \eta$，则 $A_i \leqslant A_j$；如果 y_0

位于该水平线上方，即 $y_0 > \eta$，则 $A_j \leqslant A_i$。

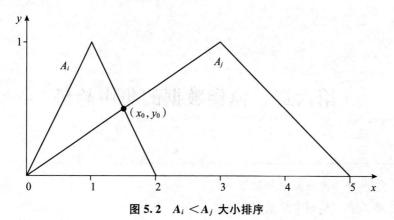

图 5.2　$A_i < A_j$ 大小排序

第六章　模糊数据的集中趋势

第一节　模糊算术平均数

考察某个问题，运用统计方法试图计算模糊数据的算术平均数。通常，从总体中随机抽取一系列模糊数据，比如

$$x_1^*, \ x_2^*, \ \cdots, \ x_n^*$$

这些数据具有模糊含义，可利用模糊集表示出来。

下面讨论和阐述模糊数据样本的算术平均数，又称为模糊数据样本的均值，简称模糊算术平均数。模糊算术平均数的计算问题可以参考以往样本均值公式，看成是对通常精确数据均值公式的推广，也就是

$$\bar{x}^* = \frac{\sum_{i=1}^n x_i^*}{n} \tag{6.1}$$

其中 $\bar{x}^*$ 表示样本模糊算术平均数或均值。

由前面几章内容可知，模糊数据 x_i^* 可能存在各种不同形式。为了方便起见，下面重点研究三角形模糊数据。

定义 6.1　设 x_i^* 是三角形模糊数据，即 $x_i^* = (x_{li}^*, \ x_{mi}^*, \ x_{ri}^*)$，其中 $x_{li}^* > 0$，当样本量为 n 时，式（6.1）变为

$$\bar{x}^* = \frac{\sum_{i=1}^n x_i^*}{n} = \left(\frac{\sum_{i=1}^n x_{li}^*}{n}, \quad \frac{\sum_{i=1}^n x_{mi}^*}{n}, \quad \frac{\sum_{i=1}^n x_{ri}^*}{n} \right) \quad (6.2)$$

将式（6.2）称为三角形模糊数据的模糊算术平均数。

类似地，设 x_i^* 是梯形模糊数据，即 $x_i^* = (x_{li}^*, \ x_{m1i}^*, \ x_{m2i}^*, \ x_{ri}^*)$，其中 $x_{li}^* > 0$，当样本量为 n 时，式（6.1）变为

$$\bar{x}^* = \frac{\sum_{i=1}^n x_i^*}{n} = \left(\frac{\sum_{i=1}^n x_{li}^*}{n}, \frac{\sum_{i=1}^n x_{m1i}^*}{n}, \frac{\sum_{i=1}^n x_{m2i}^*}{n}, \frac{\sum_{i=1}^n x_{ri}^*}{n} \right)$$

$$(6.3)$$

将式（6.2）称为梯形模糊数据的模糊算术平均数。

对于总体来说，模糊算术平均数可用下面的公式计算，即

$$\bar{\mu} = \frac{\sum_{i=1}^N x_i^*}{N} \quad (6.4)$$

设 x_i^* 是三角形模糊数据，即 $x_i^* = (x_{li}^*, x_{mi}^*, x_{ri}^*)$，其中 $x_{li}^* > 0$，当总体元素个数为 N 时，式（6.4）变为

$$\bar{\mu} = \frac{\sum_{i=1}^N x_i^*}{N} = \left(\frac{\sum_{i=1}^N x_{li}^*}{N}, \quad \frac{\sum_{i=1}^N x_{mi}^*}{N}, \quad \frac{\sum_{i=1}^N x_{ri}^*}{N} \right) \quad (6.5)$$

类似地，设 x_i^* 是梯形模糊数据，即 $x_i^* = (x_{li}^*, \ x_{m1i}^*, \ x_{m2i}^*, \ x_{ri}^*)$，其中 $x_{li}^* > 0$，当总体元素个数为 N 时，式（6.4）变为

$$\bar{\mu} = \frac{\sum_{i=1}^N x_i^*}{N} = \left(\frac{\sum_{i=1}^N x_{li}^*}{N}, \quad \frac{\sum_{i=1}^N x_{m1i}^*}{N}, \quad \frac{\sum_{i=1}^N x_{m2i}^*}{N}, \quad \frac{\sum_{i=1}^N x_{ri}^*}{N} \right)$$

$$(6.6)$$

例 6.1 考察某领域的现实问题，研究者随机抽取样本数据，如表 6.1 所示。计算这个样本模糊数据的算术平均数。

表 6.1 模糊数据表

20 左右	23 左右	20 左右	21 左右
28 左右	19 左右	22 左右	32 左右
14 左右	29 左右	21 左右	27 左右

解：观察发现，为了计算模糊均值，首先要将 12 个模糊语言变量变

成具体的模糊数据，这里对于各个模糊语言变量，采用模糊化百分比，比如这里取 10% 的模糊化百分比。于是，得到如表 6.2 所示的三角形模糊数据。

表 6.2　10% 的模糊化百分比

(18, 20, 22)	(20.7, 23, 25.3)	(18, 20, 22)	(18.9, 21, 23.1)
(25.2, 28, 30.8)	(17.1, 19, 20.9)	(19.8, 22, 24.2)	(28.8, 32, 35.2)
(12.6, 14, 15.4)	(26.1, 29, 31.9)	(18.9, 21, 23.1)	(24.3, 27, 29.7)

然后，将表 6.2 中的三角形模糊数据代入式（6.2），可以得出

$$\bar{x}^* = \left(\frac{\sum_{i=1}^{n} x_{li}^*}{n}, \ \frac{\sum_{i=1}^{n} x_{mi}^*}{n}, \ \frac{\sum_{i=1}^{n} x_{ri}^*}{n} \right) = (20.7, \ 23, \ 25.3)$$

实际上，在研究模糊算术平均数或均值的计算文献中，许多研究者提出了各自不同的计算方式。比如 Nguyen 和 Wu 在 2006 年[49] 提出另一种计算模糊语言变量的均值公式。具体地说，设 U 是论域，$L = \{L_1, L_2, \cdots, L_k\}$ 表示论域 U 上的 k 个模糊语言变量集合，设

$$Fx_i^* = \left(\frac{m_{i1}}{L_1} + \frac{m_{i2}}{L_2} + \cdots + \frac{m_{ik}}{L_k} \right), \ i = 1, 2, \cdots, n$$

表示论域 U 上的随机样本序列，其中 $m_{ij} \left(\sum_{j=1}^{k} m_{ij} = 1 \right)$ 表示属于 L_j 的隶属度，则将模糊样本均值定义为

$$F\bar{x} = \frac{\frac{1}{n} \sum_{i=1}^{n} m_{i1}}{L_1} + \frac{\frac{1}{n} \sum_{i=1}^{n} m_{i2}}{L_2} + \cdots + \frac{\frac{1}{n} \sum_{i=1}^{n} m_{ik}}{L_k} \qquad (6.7)$$

此外，Nguyen 和 Wu[49] 还提出了区间值模糊数据的样本均值定义。设 U 是论域，$\{ Fx_i^* = [a_i, b_i], \ a_i, b_i \in \mathbb{R}, \ i = 1, 2, \cdots, n \}$ 表示论域 U 上的随机样本序列，则将模糊样本均值定义为

$$F\bar{x} = \left[\frac{1}{n} \sum_{i=1}^{n} a_i, \ \frac{1}{n} \sum_{i=1}^{n} b_i \right] \qquad (6.8)$$

下面采用他们提出的计算方法，考察一个具体数值的例子。

例 6.2　考察某领域现实问题，研究者随机抽取如下的区间值样本数据，如表 6.3 所示。计算这个样本模糊数据的算术平均数。

表 6.3　区间值的模糊数据

[3, 7]	[4, 6]	[2, 5]	[2, 4]
[4, 5]	[5, 7]	[3, 8]	[4, 7]
[3, 6]	[3, 5]	[4, 7]	[6, 8]
[2, 7]	[4, 7]	[3, 6]	[5, 6]

对于这些区间值模糊数据，利用式（6.8），得到样本模糊算术均值如下：

$$F\bar{x} = \left[\frac{3+4+2+2+\cdots+5}{16}, \frac{7+6+5+4+\cdots+6}{16} \right]$$
$$= [3.562\ 5,\ 6.312\ 5]$$

第二节　模糊中位数（Ⅰ）

考察某领域的现实问题，观测值是模糊数据，有时对模糊数据中位数（简称模糊中位数）感兴趣。为了获得模糊中位数，通常首先将模糊数据从小到大进行排序，然后进一步估计模糊中位数。因此，需要一种模糊数据的排序方法。关于模糊数据的排序问题，前一章已经给出比较详细的讨论。

从理论上看，只有当一个系统线性有序时，才能对系统中两个元素进行严格比较。由于模糊数据通常是偏序的，所以比较两个模糊数据有时得不到令人满意的结果，换句话说，对模糊数据进行排序比较是不可行的。

但是，当将模糊数据应用于现实问题时，或者说当模糊数据具有某种附加（物理）意义时，对模糊数据的比较不仅有意义，而且是十分必要的。

在研究模糊数据排序比较的文献中，研究者开发了许多不同的排序方法，这些排序方法可能会给出不同的排序结果。这意味着，如果应用者运用几种不一样的排序方法，那么可能无法获得相同的模糊数据排序，而且可以发现，每一种排序方法的中位数有时也会不一样。

下面利用模糊数据的某种表示特征，对两个不同的模糊数据比较大小。首先给出三角形模糊数据的排序定义。

定义 6.2　设 x_i^* 是三角形模糊数据，即 $x_i^* = (x_{li}^*, x_{mi}^*, x_{ri}^*)$，其中 $x_{li}^* > 0$，定义

$$\bar{x}_P(x_i^*) = \frac{x_{li}^* + 2x_{mi}^* + x_{ri}^*}{4} \tag{6.9}$$

对每一个模糊数据都计算 $\bar{x}_P(x_i^*)$，$i=1$，2，$\cdots$，n，于是得到 n 个数，然后用这些数据比较大小来确定中位数，据此进一步查找对应的模糊数据位置，从而获得模糊中位数。

这里给出的定义最初是由 Lee 和 Li 在 1988 年提出的。

例 6.3　考察例 6.1 中表 6.2 列出的模糊数据。这里对中点采用 10% 的模糊化百分比，因此用式（6.9）计算出的结果等于每个模糊数的中点。由此得出这 12 个数据的每一个 $\bar{x}_P(x_i^*)$，也就是 14，19，20，20，21，21，22，23，27，28，29，32。

然后，进一步考察和计算中位数，得出 $(21+22)/2=21.5$。这里 21.5 是精确数据，于是将它写成模糊数据，采用 10% 的模糊化处理，即 (19.35，21.5，23.65)。

如果用模糊数据 (18.9，21，23.1) 和 (19.8，22，24.2) 并除以 2，那么可以发现，它们的计算结果是相同的。

研究模糊数据排序比较的文献非常多，研究者因考察问题的视角不同而提出了许多不同的计算公式。下面介绍 Nguyen 和 Wu[49] 提出的另一种计算样本中位数的方法。

设 U 是论域，$L=\{L_1，L_2，\cdots，L_k\}$ 表示论域 U 上的 k 个模糊语言变量，设

$$\left\{x_i^* = \frac{m_{i1}}{L_1} + \frac{m_{i2}}{L_2} + \cdots + \frac{m_{ik}}{L_k}\right\}, \quad i=1，2，\cdots，n$$

是论域 U 上的随机样本序列。定义

$$S_j = \sum_{j=1}^{k} m_{ij}, \quad j=1，2，\cdots，k，\text{且 } T=1S_j + 2S_2 + \cdots + kS_k$$

使得 $\sum_{i=1}^{j} S_i > \left[\dfrac{T}{2}\right]$ 最小的 L_j 称为模糊数据样本的中位数，其中 $\left[\dfrac{T}{2}\right]$ 表示等于或小于 $\dfrac{T}{2}$ 的最大整数。于是，将模糊中位数的计算公式定义为

$$F\,\text{median}(x_i^*) = \left\{L_j : \text{最小的 } j，\text{使得} \sum_{i=1}^{j} S_i \geqslant \left[\frac{T}{2}\right]\right\} \tag{6.10}$$

另外，他们针对区间值模糊数据的情况，给出了下面的模糊样本中位

数的定义。

设 U 是论域，$\{Fx_i^* = [a_i, b_i], \quad a_i, b_i \in \mathbb{R}, i=1, 2, \cdots, n\}$ 表示论域 U 上的模糊随机序列。设 c_j 是 $[a_i, b_i]$ 的中心，l_j 是 $[a_i, b_i]$ 的长度，那么模糊样本中位数由

$$F\mathrm{median} = (c, r), \quad c = \mathrm{median}(c_j), \quad r = \frac{\mathrm{median}\{l_j\}}{2} \qquad (6.11)$$

给出。

第三节　模糊中位数（Ⅱ）

这一节考察更有一般性的模糊数据 A，对于所有 $x \in \mathbb{R}$，A 表示成如下形式：

$$A(x) = \begin{cases} g(x) = \left(\dfrac{x-a}{b-a} \right)^n, & a \leqslant x < b \\ 1, & b \leqslant x \leqslant c \\ h(x) = \left(\dfrac{d-x}{d-c} \right)^n, & c < x \leqslant d \\ 0, & \text{其他} \end{cases} \qquad (6.12)$$

其中 a, b, c, d 表示实数，满足 $a < b \leqslant c < d$，g 是递增且右连续的实值函数，h 是递减且左连续的实值函数。

为了方便起见，将有两侧函数 g 和 h 的模糊数据 A 记为 $A = \langle a, b, c, d \rangle_n$，其中 $n > 0$。下面详细说明关于 n 的几种特殊情况。

如果 $n=1$，则简单地写成 $A = \langle a, b, c, d \rangle$，这就是所谓梯形模糊数据。如果 $n \neq 1$，则模糊数据 $A^* = \langle a, b, c, d \rangle_n$ 是 A 的变形。

当 $n > 1$ 时，称 A^* 是 A 的压缩。

当 $0 < n < 1$ 时，称 A^* 是 A 的扩张。

当 $n=2$ 时，A^* 被解释为语言的模糊限制词（或模糊限制语）"非常"。

当 $n=0.5$ 时，经常将 A^* 的扩张解释为模糊限制词"多或少"，它具有非线性隶属函数形式，如图 6.1 所示。可参看前面第三章第四节中关于模糊限制词内容的阐述。

对于每一个模糊数据 A，存在 γ 截集 $A_\gamma = [a_\gamma, b_\gamma]$，$a_\gamma, b_\gamma \in \mathbb{R}$，其中 $\gamma \in [0, 1]$，于是进一步得出，对于所有 $\gamma \in [0, 1]$，则有

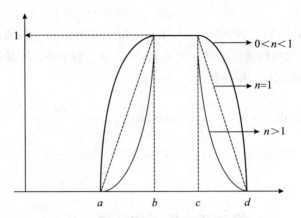

图 6.1　模糊数据 A 的非线性隶属函数形式

(1) $A_\gamma = [g^{-1}(\alpha),\ h^{-1}(\alpha)]$；

(2) $A_0 = [b,\ c]$；

(3) $A_1 = [a,\ d]$。

已知 $A = <a,\ b,\ c,\ d>_n$，对于所有 $\alpha \in [0,\ 1]$，则有

$$A_\alpha = [a + \alpha^{\frac{1}{n}}(b-a),\ d - \alpha^{\frac{1}{n}}(d-c)] \tag{6.13}$$

此外，刻画模糊数据 A 的内在属性概念是模糊数据 A 的基数，即下面的定义 6.3。

定义 6.3　设模糊数据 A 具有式（6.12）的形式，将 A 的基数（cardinality）定义为积分

$$\text{card}A = \int_a^b A(x)\mathrm{d}x = \int_0^1 (b_\alpha - a_\alpha)\mathrm{d}\alpha \tag{6.14}$$

如果 $A = <a,\ b,\ c,\ d>_n$，则有

$$\text{card}A = \frac{b-a}{n+1} + (c-d) + \frac{d-c}{n+1} \tag{6.15}$$

这里将 A 的某个可能标量代表值作为模糊集 A 的中位数。

现在，我们给出模糊数据 A 的中位数的定义。

定义 6.4　设模糊数据 A 具有式（6.12）的形式，将 A 的中位数定义为用 A 的支集计算一个实数 m_A，使得

$$\int_a^{m_A} A(x)\mathrm{d}x = \int_{m_A}^d A(x)\mathrm{d}x \tag{6.16}$$

成立。为了方便起见，将式（6.16）重新写成

$$\int_a^{mA} A(x)\,\mathrm{d}x = 0.5\,\mathrm{card}A \tag{6.17}$$

下面依据模糊数据的基数"分布"，对模糊数据提出如下分类：

（ⅰ）将 A 定义为两边有相同重尾的模糊数据，如果

$$\int_a^b A(x)\,\mathrm{d}x = \int_c^d A(x)\,\mathrm{d}x$$

（ⅱ）将 A 定义为有轻尾的模糊数据，如果

$$\max\left\{\int_a^b A(x)\,\mathrm{d}x,\ \int_c^d A(x)\,\mathrm{d}x\right\} \leqslant 0.5\int_a^b A(x)\,\mathrm{d}x$$

（ⅲ）将 A 定义为有左边重尾的模糊数据，如果

$$\int_a^b A(x)\,\mathrm{d}x > 0.5\int_c^d A(x)\,\mathrm{d}x$$

（ⅳ）将 A 定义为有右边重尾的模糊数据，如果

$$\int_c^d A(x)\,\mathrm{d}x > 0.5\int_a^b A(x)\,\mathrm{d}x$$

利用 A 的支集，可以分析和提出模糊数据 A 的中位数 m_A 的位置定义，并提出模糊数据 A 的模糊性定义，用 m_A 的隶属度 $A(m_A)$ 表示 A 的模糊性。

命题 6.1　如果 A 是有轻尾的模糊数据，则有

$$m_A = \frac{b+c}{2} + 0.5\left(\int_c^d A(x)\,\mathrm{d}x - \int_a^b A(x)\,\mathrm{d}x\right) \tag{6.18}$$

而且 $A(m_A)=1$。

证明：由于 $\max\left\{\int_a^b A(x)\,\mathrm{d}x,\ \int_c^d A(x)\,\mathrm{d}x\right\} \leqslant 0.5\int_a^b A(x)\,\mathrm{d}x$，所以 m_A 必然位于 A 的核内。于是

$$\int_a^b A(x)\,\mathrm{d}x + \int_b^{mA} 1\,\mathrm{d}x = \int_{mA}^c 1\,\mathrm{d}x + \int_c^d A(x)\,\mathrm{d}x$$

$$\int_a^b A(x)\,\mathrm{d}x + m_A - b = c - m_A + \int_c^d A(x)\,\mathrm{d}x$$

$$m_A = \frac{b+c}{2} + 0.5\left(\int_c^d A(x)\,\mathrm{d}x - \int_a^b A(x)\,\mathrm{d}x\right) \qquad\qquad \square$$

推论 6.1　如果 A 是两边有相同重尾的模糊数据，则 $m_A = \dfrac{b+c}{2}$ 且

$A(m_A)=1$。

很明显，如果 A 是有左边重尾（右边重尾）的，则 m_A 没有位于 A 的核内，而是偏向 A 的支集的左边（右边）。针对梯形模糊数据 A，对其所选用的模糊限制词进行修正，这里给出中位数的计算公式。

命题 6.2　设 $A=<a,b,c,d>$，如果 A 有左边重尾，则有

$$m_A=a+\Big(\frac{(b-a)^n}{2}(n+1)\mathrm{card}A\Big)^{\frac{1}{n+1}} \tag{6.19}$$

如果 A 有右边重尾，则有

$$m_A=d-\Big(\frac{(d-c)^n}{2}(n+1)\mathrm{card}A\Big)^{\frac{1}{n+1}} \tag{6.20}$$

证明：假设 A 有左边重尾，于是 $a<m_A<b$，同时

$$\int_a^{m_A}\Big(\frac{x-a}{b-a}\Big)^n\mathrm{d}x=\frac{\mathrm{card}A}{2}$$

将 $t=x-a$ 代入上式，得出

$$\int_a^{m_A}t^n\mathrm{d}x=\frac{1}{2}(b-a)^n\mathrm{card}A$$

$$\int_0^{m_A-a}t^n\mathrm{d}t=\frac{1}{2}(b-a)^n\mathrm{card}A$$

$$\Big[\frac{t^{n+1}}{n+1}\Big]_0^{m_A-a}=\frac{1}{2}(b-a)^n\mathrm{card}A$$

$$(m_A-a)^{n+1}=\frac{1}{2}(b-a)^n(n+1)\mathrm{card}A$$

$$m_A-a=\Big(\frac{(b-a)^n}{2}(n+1)\mathrm{card}A\Big)^{1/(n+1)}$$

$$m_A=a+\Big(\frac{(b-a)^n}{2}(n+1)\mathrm{card}A\Big)^{1/(n+1)}$$

这就证明了式（6.19）成立，类似地可给出式（6.20）的证明。　□

推论 6.2　设 $A=<a,b,c,d>$ 是梯形模糊数据，如果 A 有左边重尾，则

$$m_A=a+\sqrt{(b-a)\mathrm{card}A} \tag{6.21}$$

如果 A 有右边重尾，则

$$m_A=d-\sqrt{(d-c)\mathrm{card}A} \tag{6.22}$$

当中位数的值位于模糊数据 A 的核外时，A 的隶属度就小于 1。下面的命题证明了，如果 $A=<a, b, c, d>_n$，则 $A(m_A)$ 可以非常小。

命题 6.3 设 $A=<a, b, c, d>_n$ 是有重尾的模糊数据，则

$$\left(\frac{1}{2}\right)^{n/(n+1)} < A(m_A) = \left(\frac{(n+1)\,\mathrm{card}A}{2s}\right)^{n/(n+1)} < 1 \qquad (6.23)$$

证明： 假设 A 有左边重尾，则 $m_A = a + \left(\frac{(b-a)^n}{2}(n+1)\,\mathrm{card}A\right)^{\frac{1}{n+1}}$，同时 $a < m_A < b$。对于所有 $x \in (a, b)$，$A(x) = \left(\frac{x-a}{b-a}\right)^n$。因此

$$A(m_A) = \left(\frac{m_A - a}{b-a}\right)^n = \frac{1}{(b-a)^n}\left(\frac{(b-a)^n(n+1)\mathrm{card}A}{2}\right)^{n/(n+1)}$$

$$= \left(\frac{(b-a)^n(n+1)\mathrm{card}A}{2(b-a)^{n+1}}\right)^{n/(n+1)} = \left(\frac{(n+1)\mathrm{card}A}{2(b-a)}\right)^{n/(n+1)}$$

由于 A 是有左边重尾的，所以

$$\int_a^b A(x)\mathrm{d}x = \int_a^b \left(\frac{x-a}{b-a}\right)^n \mathrm{d}x = \frac{b-a}{n+1} > \frac{\mathrm{card}A}{2}$$

于是

$$\frac{(n+1)\,\mathrm{card}A}{2(b-a)} < 1$$

因此 $A(m_A) < 1$，这就证明了式（6.23）的右边。

现在证明式（6.23）的左边。

$$A(m_A) = \left(\frac{(n+1)\,\mathrm{card}A}{2(b-a)}\right)^{\frac{n}{n+1}}$$

$$= \left(\frac{(n+1)}{2(b-a)}\left[\frac{b-a}{n+1} + (c-b) + \frac{d-c}{n+1}\right]\right)^{n/(n+1)}$$

$$= \left(\frac{(b-a) + (n+1)(c-b) + (d-c)}{2(b-a)}\right)^{n/(n+1)}$$

$$= \left(\frac{1}{2} + \frac{(n+1)(c-b)}{2(b-a)} + \frac{d-c}{2(b-a)}\right)^{n/(n+1)} > \left(\frac{1}{2}\right)^{n/(n+1)}$$

类似地，可以证明 A 是有右边重尾时的情况。

很容易检验，$0.5^{n/(n+1)}$ 是关于 n 的递减函数，其中 $n>0$。因为 $\lim\limits_{n\to 0} 0.5^{n/(n+1)}=1$ 且 $\lim\limits_{n\to\infty} 0.5^{n/(n+1)}=0.5$，所以 $A=<a,b,c,d>_n$ 中的 m_A 的隶属度总是"充分地大"。如果 A 是具有右边重尾的，那么 $A(m_A)\in (0.5,1)$，否则 $A(m_A)=1$。 □

推论 6.3　设 $A=<a,b,c,d>$ 是有重尾的梯形模糊数据，则

$$\frac{1}{\sqrt{2}} < A(m_A)=\sqrt{\frac{\mathrm{card}A}{s}} < 1 \tag{6.24}$$

其中，如果 A 是有左边重尾的模糊数据，则 $s=b-a$，而如果 A 是有右边重尾的模糊数据，则 $s=d-c$。

当模糊数据 $A=<a,b,c,d>$ 变成 $A^*=<a,b,c,d>_n$ 时，会导致 A 的基数分布发生变化。可能发生如下情况：有不同的轻尾的模糊数据会变成有重尾的模糊数据，反之亦然。

命题 6.4　设 $A=<a,b,c,d>$ 是梯形模糊数据，使得 $b-a\neq d-c$。设 $s_1=\max\{b-a,d-c\}$，设 $s_2=\min\{b-a,d-c\}$，那么对于所有正数 n，满足下面不等式

$$n \geqslant \frac{s_1-s_2}{c-b}-1 \tag{6.25}$$

则 $A^*=<a,b,c,d>_n$ 是有轻尾的模糊数据，否则 $A^*=<a,b,c,d>_n$ 是有重尾的模糊数据。

证明：设 $s_1=b-a$，并且 $s_2=d-c$，如果

$$\int_a^b A^* \,\mathrm{d}x \leqslant 0.5\mathrm{card}A^*$$

则 $A^*=<a,b,c,d>_n$ 是有轻尾的，因此

$$\frac{b-a}{n+1} \leqslant \frac{\mathrm{card}A^*}{2}$$

所以

$$\frac{b-a}{n+1} \leqslant \frac{1}{2}\Big(\frac{b-a}{n+1}+(c-b)+\frac{d-c}{n+1}\Big)$$

$$2(b-a) \leqslant (b-a)+(n+1)(c-b)+(d-c)$$

$$\frac{(b-a)-(d-c)}{c-b}-1 \leqslant n$$
□

推论 6.4　设 $A=<a,b,c,d>$，并且设 $b-a\neq d-c$，如果

$$A(m_A)\frac{\max\{b-a,\ d-c\}-\min\{b-a,\ d-c\}}{c-b}\leqslant 2 \quad (6.26)$$

则 A 是有轻尾的模糊数据，否则 A 是有重尾的模糊数据。

第四节　应用事例

例 6.4　设某个模糊数据表示成 $B=<0,\ 10,\ 11,\ 12>$。由于 $b-a=10>1=d-c$，同时

$$\frac{(b-a)-(d-c)}{c-b}=\frac{10-1}{1}=9>2$$

所以由推论 6.4 可知，B 是有重尾的模糊数据。因此

$$m_B=\sqrt{(b-a)\,\mathrm{card}B}=\sqrt{(10-0)\times 6.5}=8.062$$

并且

$$B(m_B)=\sqrt{\frac{\mathrm{card}B}{b-a}}=\sqrt{0.65}=0.806\,2$$

由 $\frac{(b-a)-(d-c)}{c-b}-1=8$，故对于所有 $n\geqslant 8$，$B^*=<0,\ 10,\ 11,\ 12>_n$ 是有右边轻尾的模糊数据。因此

$$m_{B*}=\frac{10+11}{2}+0.5\left(\frac{1}{n+1}-\frac{10}{n+1}\right)=10.5-\frac{4.5}{n+1} \quad (6.27)$$

而且 $B^*(m_{B*})=1$。

很明显，如果 $n=8$，那么 $m_{B*}=10$。这是因为 m_{B*} 是关于 n 的递增函数，同时 $\lim\limits_{n\to 0}m_{B*}=10.5$，所以可以得出，$m_{B*}\in[10,\ 10.5)$。

另一方面，对于所有 $n\in(0,\ 8)$，$B^*=<0,\ 10,\ 11,\ 12>_n$ 仍然是左边重尾的模糊数据。于是利用式（6.19），可以得到

$$m_{B*}=\left(10^n\left(6+\frac{n}{2}\right)\right)^{1/(n+1)} \quad (6.28)$$

这是关于 n 的递增函数。在这种情况下，$\lim\limits_{n\to 0}m_{B*}=6$，同时 $\lim\limits_{n\to\infty}m_{B*}=10.5$。因此 $m_{B*}\in(6,\ 10)$，从而得出 $0.54\approx(0.5)^{8/9}<B^*(m_{B*})<1$。

于是得出如下结论：当模糊数据 $B=<0,\ 10,\ 11,\ 12>$ 变为 $B^*=$

$<0，10，11，12>_n$ 时，会导致 m_{B*} 来自 $(6，10.5)$ 且其隶属度 $B^*(m_{B*})>$ 0.54。

图 6.2 给出了 B（粗实线）的隶属函数，以及识别 m_{B*} 的 B（虚线）的垂直剖分线。

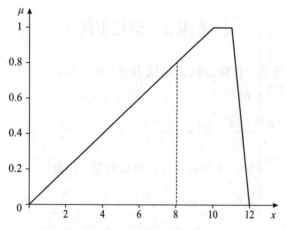

图 6.2　例 6.4 中模糊数据 B 的隶属函数

例 6.5　设某个模糊数据 $C=<0，2.5，3.5，4.5>$。由于 $b-a=$ $2.5>1=d-c$，同时

$$\frac{(b-a)-(d-c)}{c-b}=\frac{2.5-1}{1}=1.5<2$$

所以由推论 4 可知，C 是有轻尾的模糊数据。于是

$$m_C=\frac{2.5+3.5}{2}+0.5\left(\frac{1}{2}-\frac{2.5}{2}\right)=2.625 \tag{6.29}$$

并且 $C(m_C)=1$。

由于 $\dfrac{(b-a)-(d-c)}{c-b}-1=0.5$，故对于所有 $n\geqslant0.5$，$C^*=$ $<0，2.5，3.5，4.5>_n$ 仍然是有轻尾的模糊数据，并且 $m_{C*}\in[2.5，3)$。

因此，对于所有 $0<n<0.5$，$C^*=<0，2.5，3.5，4.5>_n$ 是有右侧重尾的模糊数据。于是，利用前面的式（6.28），可以得出

$$m_{C*}=\left((2.5)^n\left(2.25+\frac{n}{2}\right)\right)^{1/(n+1)} \tag{6.30}$$

这是关于 n 的递增函数。在此情况下，$\lim\limits_{n\to0}m_{C*}=2.25$，同时 $\lim\limits_{n\to\infty}m_{C*}=2.5$。

因此，$m_{C*}\in(2.25，2.5)$，从而得出隶属度 $C^*(m_{C*})(0.5)^{(0.5)/(0.5+1)}\approx$

0.79。于是得出如下结论，当模糊数据 $C=<0，2.5，3.5，4.5>$ 变为 $C^*=<0，2.5，3.5，4.5>_n$ 时，会导致 m_{C^*} 来自 $(2.25，2.5)$ 且其隶属度 $C^*(m_{B^*})>0.79$。

　　图 6.3 给出了 C（粗实线）的隶属函数，以及识别 m_{C^*} 的 C（虚线）的垂直剖分线。

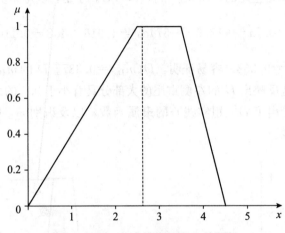

图 6.3　例 6.5 中模糊数据 C 的图形

　　有时，可能会遇到无法用 $<a，b，c，d>_n$ 表示的模糊数据。那么，如何处理这种情况呢？对于不能用 $<a，b，c，d>_n$ 表示的模糊数据来说，想要获得中位数就需要更复杂的计算。下面举例说明这种情况。

　　例 6.6　设模糊数据 D 的隶属函数是

$$D(x)=\begin{cases} g(x), & x \in [0，10) \\ 1, & x \in [10，11] \\ -x+12, & x \in (11，12] \\ 0, & \text{其他} \end{cases} \tag{6.31}$$

其中

$$g(x)=\begin{cases} 0.1\sqrt{x}, & x \in [0，9) \\ 0.7x^2-12.6x+57, & x \in [9，10) \end{cases} \tag{6.32}$$

于是

$$\text{card} D=\int_0^9 0.1\sqrt{x}\,dx+\int_9^{10}(0.7x^2-12.6x+57)\,dx$$
$$+\int_{10}^{11} dx+\int_{11}^{12}(-x+12)\,dx$$

$$= 1.8 + 0.533 + 1.0 + 0.5 = 3.833$$

由于

$$\int_0^{10} D(x)\mathrm{d}x = 1.8 + 0.533 > \frac{3.833}{2} = 1.916$$

所以 D 的左侧是重尾的，而 m_D 来自 $(9，10)$。于是，确定 m_D 的位置如下

$$\int_9^{m_D} (0.7x^2 - 12.6x + 57)\mathrm{d}x = 1.916 - 1.8 = 0.116 \qquad (6.33)$$

从而得出 $m_D = 9.353$。容易证明，$D(m_D) = 0.387$。D 的 m_D 的隶属度是比较小的。这反映出 D 的左侧重尾的大部分具有小于 0.4 的隶属度。

图 6.4 给出了 D（粗实线）的隶属函数，以及识别 m_D 的 D（虚线）的垂直剖分线。

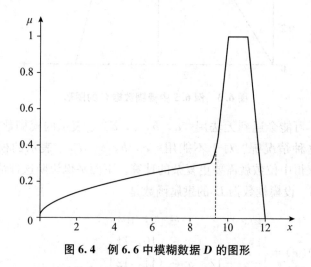

图 6.4　例 6.6 中模糊数据 D 的图形

注意，例 6.4 中的模糊数据 B 和例 6.6 中的模糊数据 D 具有相同的支集、相同的核以及相同的右边函数。但因为左边函数不同，所以它们的中位数不同。

这一节主要讨论如何利用公式解决实际问题，特别是阐述梯形模糊数据的中位数计算的例子。如果梯形模糊数据 A 是两边相同轻尾，或两边相同重尾，那么 A 的中位数就位于 A 的核内。否则，A 的中位数就位于 A 支集的右边或左边，同时给出了梯形模糊数据及其一些变形的中位数的位置公式。此外，还阐述了梯形模糊数据的压缩和扩展是如何改变模糊数据基数的"分布"的。

第七章　模糊统计估计方法

　　从本章开始，我们系统地讨论和阐述模糊数据统计估计方法，提出模糊估计量的定义，同时将这个估计量的计算方法应用于正态分布总体方差已知时均值的模糊统计估计，以及方差未知时均值的模糊统计估计问题。

第一节　模糊统计估计方法和模糊估计量

　　统计估计内容是推断统计的主要方法之一。从某种意义上讲，统计模型可以被理解为是对概率分布的某种特定类型的描述。这些模型涉及从样本中估计参数的问题，这是统计数据分析中的一项重要任务。类似地，在模糊数据统计学中，模糊统计估计方法作为模糊数据推断统计的主要方法，同样会涉及从样本中估计参数的问题。

　　本书所讨论的模糊统计估计方法是指以模糊数据作为概率密度函数或离散的概率质量函数的参数估计值。

　　首先，阐述如何利用置信区间的集合来获得参数估计值的模糊数据的有关理论和方法。

　　设 X 表示随机变量，$f(x;\theta)$ 是它的概率密度函数或概率质量函数。假设参数 θ 是未知的，需要利用一系列随机样本数据 $X_1,\cdots,X_n$ 估计出来。

　　设 $Y=u(X_1,\cdots,X_n)$ 是用于估计参数 θ 的统计量，在给定随机变量数值 $X_i=x_i$ 的条件下，得到 θ 的点估计值，即 $\theta^*=y=u(X_1,\cdots,$

X_n)，其中 $1 \leqslant i \leqslant n$。

实际上，研究者不可能期待这样的点估计值 θ^* 准确地等于参数 θ，所以经常使用 $(1-\beta)100\%$ 的置信区间来估计 θ。在前几章中，我们经常用 α 作为模糊子集 A 的 α 截集的符号，因此这里用 $(1-\beta)100\%$ 表示置信水平。

在讨论置信区间估计时，经常设 β 取值为 0.10，0.05，0.01 三种情况之一。下面的分析讨论选取的 β 值从 0.01 开始，当然实际上从 0.01 开始是带有任意性的，也可选取从 $\beta=0.10$，$\beta=0.05$ 或 $\beta=0.005$ 开始。

对于 $(1-\beta)100\%$ 的置信区间来说，利用区间形式表示成

$$[\theta_1(\beta), \theta_2(\beta)] \tag{7.1}$$

在式（7.1）中，通常情况是 $0.01 \leqslant \beta \leqslant 1$。于是，当 $\beta=1$ 时，这表示 0% 的置信区间，此时用点估计值 θ^* 的 $[\theta^*, \theta^*]$ 表示置信区间。

定义 7.1（参数 θ 的模糊估计量） 设参数 θ 的模糊估计是 $\bar\theta$，$\bar\theta$ 是一个模糊数据。将置信区间 $[\theta_1(\beta), \theta_2(\beta)]$ 定义为 $\alpha=\beta$ 时模糊数据 $\bar\theta$ 的 α 截集 $\bar\theta[\alpha]$，因此

$$\bar\theta[\alpha]=[\theta_1(\alpha), \theta_2(\alpha)] \tag{7.2}$$

将式（7.2）称为参数 θ 的模糊估计量。

观察式（7.1）可以发现，$0.01 \leqslant \beta \leqslant 1$，所以在式（7.2）中，$0.01 \leqslant \alpha \leqslant 1$。当 $0 \leqslant \alpha \leqslant 0.01$ 时，模糊数据 $\bar\theta$ 的 α 截集 $\bar\theta[\alpha]$ 变成

$$\bar\theta[\alpha]=[\theta_1(0.01), \theta_2(0.01)] \tag{7.3}$$

在式（7.3）中，$0 \leqslant \alpha \leqslant 0.01$，由式（7.2）和式（7.3）的定义可知，借助于 $\bar\theta[\alpha]$ 的推导可获得模糊数据 $\bar\theta$。

为了阐述方便，不妨首先考察模糊数据 $\bar\theta$ 是三角形的或三角形态的，利用置信区间建构参数 θ 的模糊数据 $\bar\theta$。和以往的点估计或置信区间相比，模糊数据能提供更多的认识信息。

根据 $\bar\theta[\alpha]$ 的定义，研究者可以获得模糊数据 $\bar\theta$ 的隶属度函数 $\bar\theta(x)$。对于式（7.1）中的范围 $0.01 \leqslant \beta \leqslant 1$ 来说，令 $\alpha_1=\theta_1(0.01)$ 且 $\alpha_2=\theta_2(0.01)$，所以模糊数据 $\bar\theta$ 的支集是 $[\alpha_1, \alpha_2]$，这时将模糊数据 $\bar\theta$ 的隶属度函数 $\bar\theta(x)$ 定义如下：

（1）若 $x<\alpha_1$ 或 $x>\alpha_2$，则 $\bar\theta(x)=0$。

（2）若 $x=\alpha_1$ 或 $x=\alpha_2$，则 $\bar\theta(x)=0.01$。

（3）若 $\alpha_1 < x \leqslant x' < \alpha_2$ 且 $\bar{\theta}[\alpha] = [x, x']$，$0.01 \leqslant \alpha \leqslant 1$，则 $\bar{\theta}(x) = \bar{\theta}(x) = \alpha$。

下面针对 $0.01 \leqslant \beta \leqslant 1$、$0.10 \leqslant \beta \leqslant 1$、$0.001 \leqslant \beta \leqslant 1$ 三种不同情况，分别列出它们各自的模糊数据 $\bar{\theta}$ 的隶属度函数 $\bar{\theta}(\theta)$，如图 7.1 至图 7.3 所示。

根据前面关于模糊数据的定义和讨论，图 7.1 至图 7.3 所揭示的是模糊数据的隶属度函数，特别是三角形态模糊数据。

第二节　正态分布均值未知的模糊估计

这一节讨论如何将前面所述的模糊估计方法应用于正态分布总体 $N(\mu, \sigma^2)$ 的均值 μ 的模糊估计问题，考察正态分布方差已知时均值的模糊估计和正态分布方差未知时均值的模糊估计两种情况。下面分别给出详细的分析和讨论。

一、正态分布方差已知时均值 μ 的模糊估计

考察 X 是服从正态分布 $N(\mu, \sigma^2)$ 的随机变量。设均值 μ 是未知参数，并且方差 σ^2 是已知参数。

定义 7.2（均值 μ 的模糊估计量） 考察来自 $N(\mu, \sigma^2)$ 的一组随机样本 $X_1, \cdots, X_n$，估计未知参数 μ。设随机样本的均值是 $\bar{x}$，这里 $\bar{x}$ 是清晰数据而非模糊数据，而且服从正态分布 $N(0, \sigma^2/n)$，因此 $(\bar{x} - \mu)/(\sigma/\sqrt{n})$ 服从 $N(0,1)$。于是，得出

$$P\left(-z_{\beta/2} \leqslant \frac{\bar{x} - \mu}{\sigma/\sqrt{n}} \leqslant z_{\beta/2}\right) = 1 - \beta \tag{7.4}$$

其中 $z_{\beta/2}$ 表示 $N(0,1)$ 随机变量的 z 值超过 $z_{\beta/2}$ 的概率是 $\beta/2$。利用式（7.4）求出 μ 的不等式如下：

$$P(-z_{\beta/2}(\sigma/\sqrt{n}) \leqslant \bar{x} - \mu \leqslant z_{\beta/2}(\sigma/\sqrt{n})) = 1 - \beta \tag{7.5}$$

因此，将 μ 的 $(1-\beta)100\%$ 的置信区间定义为：

$$[\theta_1(\beta), \theta_2(\beta)] = [\bar{x} - z_{\beta/2}(\sigma/\sqrt{n}), \bar{x} + z_{\beta/2}(\sigma/\sqrt{n})] \tag{7.6}$$

这里将 $z_{\beta/2}$ 定义为：

$$\int_{-\infty}^{z_{\beta/2}} N(0,1)\mathrm{d}x = 1 - \frac{\beta}{2} \tag{7.7}$$

于是将式（7.6）称为均值 μ 的模糊估计量。

与上一节利用置信区间作为模糊估计方法一样，利用 μ 的 $(1-\beta)100\%$ 的置信区间来获得 μ 的模糊数据估计 $\bar{\mu}$，这里 $\bar{\mu}$ 是三角形态模糊数。

下面举例说明计算正态分布均值的模糊估计方法。

例 7.1　考察随机变量 X 服从正态分布 $N(\mu,100)$，其总体均值 μ 未知，已知总体方差 $\sigma^2 = 100$。

现在想要根据来自 $N(\mu,100)$ 的一组随机样本 $X_1,\cdots,X_n$，给出总体均值 μ 的模糊估计。设随机样本的均值 $\bar{x}=28.6$，则 μ 的 $(1-\beta)100\%$ 的置信区间是：

$$[\theta_1(\beta),\theta_2(\beta)] = [28.6 - z_{\frac{\beta}{2}}(10/\sqrt{n}),\ 28.6 + z_{\frac{\beta}{2}}(10/\sqrt{n})] \tag{7.8}$$

下面计算总体均值 μ 的模糊数据估计 $\bar{\mu}$。设样本量 $n=64$，并且选取 $0.01 \leqslant \beta \leqslant 1$。于是，根据式（7.8），画出 μ 的模糊数据估计 $\bar{\mu}$，如图 7.1 所示，图形两端没有与 x 轴相交。

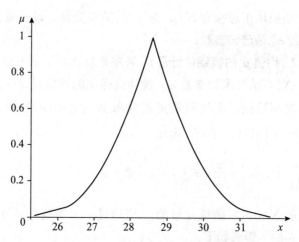

图 7.1　例 7.1 当 $0.01 \leqslant \beta \leqslant 1$ 时的模糊数据估计

在式（7.8）中，可根据 β 值决定其对应区间的左端点和右端点。在图 7.1 的坐标图中，设横轴为 x 轴，纵轴为 y 轴。由于样本量 $n=64$，$10/\sqrt{64}=1.25$，同时用 y 取代式（7.8）中的 β 值，因此，图 7.1 中模糊数据 $\bar{\mu}$ 的左端函数是

$$x = 28.6 - 1.25z_{y/2} \tag{7.9}$$

图 7.1 中模糊数据 $\bar{\mu}$ 的右端函数是

$$x = 28.6 + 1.25z_{y/2} \tag{7.10}$$

式（7.9）和式（7.10）表示 x 是 y 的函数，并且是一一对应的。

　　采用同样的方法，根据式（7.8）可以选取 $0.10 \leqslant \beta \leqslant 1$ 以及 $0.001 \leqslant \beta \leqslant 1$，分别获得图 7.2 和图 7.3 的模糊数据 $\bar{\mu}$。注意，图 7.2 中已经将纵轴起点调整为 0.08。图 7.1 的模糊数据 $\bar{\mu}$ 的支集 $\bar{\mu}[0]$ 是 μ 的 99% 的置信区间。同理，图 7.2 的模糊数据 $\bar{\mu}$ 的支集 $\bar{\mu}[0]$ 是 μ 的 90% 的置信区间，而图 7.3 的模糊数据 $\bar{\mu}$ 的支集 $\bar{\mu}[0]$ 是 μ 的 99.9% 的置信区间。

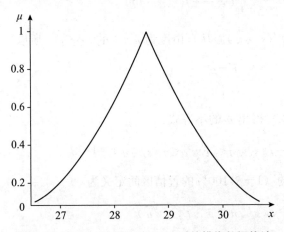

图 7.2　例 7.1 当 $0.10 \leqslant \beta \leqslant 1$ 时的模糊数据估计

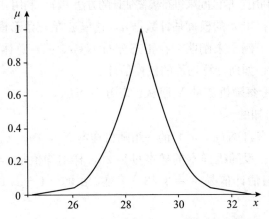

图 7.3　例 7.1 当 $0.001 \leqslant \beta \leqslant 1$ 时的模糊数据估计

二、正态分布方差未知时均值 μ 的模糊估计

X 是服从正态分布 $N(\mu, \sigma^2)$ 的随机变量，假设 μ 与 σ^2 都是未知参数。下面讨论正态分布方差未知时，如何获得均值 μ 的模糊估计。

现在想要从来自 $N(\mu, \sigma^2)$ 的一组随机样本 $X_1, \cdots, X_n$ 估计未知参数 μ。设这组随机样本的均值是 $\bar{x}$，$\bar{x}$ 为明确数据而非模糊数据。此外，样本方差 s^2 是总体方差参数 σ^2 的无偏估计值。

定义 7.3（均值 μ 的模糊估计量） 随机样本的实现是 $x_1, \cdots, x_n$，于是 s^2 表示成

$$s^2 = \sum_{i=1}^{n} (x_i - \bar{x})^2 / (n-1) \tag{7.11}$$

由于 $(\bar{x} - \mu) / (s/\sqrt{n})$ 服从自由度为 $n-1$ 的 t 分布，所以

$$P\left(-t_{\beta/2} \leqslant \frac{\bar{x} - \mu}{s/\sqrt{n}} \leqslant t_{\beta/2}\right) = 1 - \beta \tag{7.12}$$

利用式（7.12）得出 μ 的不等式：

$$P\left(-t_{\frac{\beta}{2}} s/\sqrt{n} \leqslant \bar{x} - \mu \leqslant t_{\frac{\beta}{2}} s/\sqrt{n}\right) = 1 - \beta \tag{7.13}$$

因此，将 μ 的 $(1-\beta)100\%$ 的置信区间定义为

$$\left(\bar{x} - t_{\frac{\beta}{2}} s/\sqrt{n},\ \bar{x} + t_{\frac{\beta}{2}} s/\sqrt{n}\right) \tag{7.14}$$

将式（7.14）称为均值 μ 的模糊估计量。

与上一节利用置信区间来进行模糊估计的方法一样，利用 μ 的 $(1-\beta)100\%$ 的置信区间，得出 μ 的模糊估计数据 $\bar{\mu}$，这里 $\bar{\mu}$ 是三角形模糊数。

下面用一个例子来阐明，在正态分布 $N(\mu, \sigma^2)$ 总体下，μ 与 σ^2 都是未知参数时，如何计算均值的模糊估计。

例 7.2 考察随机变量 X 服从正态分布 $N(\mu, \sigma^2)$，其总体均值 μ 与方差 σ^2 都是未知的。

想要通过来自 $N(\mu, \sigma^2)$ 的一组随机样本 $X_1, \cdots, X_n$ 对总体均值 μ 进行模糊估计。设随机样本的样本量是 25，样本均值是 28.6，并且总体方差 σ^2 的无偏估计值是 $s^2 = 3.42$。于是，μ 的 $(1-\beta)100\%$ 的置信区间是

$$\left[28.6 - t_{\frac{\beta}{2}} \sqrt{\frac{3.42}{25}},\ 28.6 + t_{\frac{\beta}{2}} \sqrt{\frac{3.42}{25}}\right] \tag{7.15}$$

现在计算总体均值 μ 的模糊数据估计 $\bar{\mu}$，选取 $0.01 \leqslant \beta \leqslant 1$。因此，利用上一节所述方法，可以根据式（7.15），画出 μ 的模糊估计 $\bar{\mu}$，如图 7.4 所示。

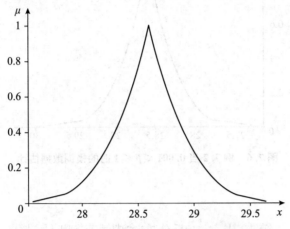

图 7.4　例 7.2 当 $0.01 \leqslant \beta \leqslant 1$ 时的模糊数据估计

采用同样方法，根据式（7.15）选择 $0.10 \leqslant \beta \leqslant 1$ 以及 $0.001 \leqslant \beta \leqslant 1$，则可以分别获得图 7.5 和图 7.6 的模糊数据 $\bar{\mu}$。需要特别注意的，图 7.5 将纵轴的起点调整为 0.08。

观察发现，图 7.4 的模糊数据 $\bar{\mu}$ 的支集 $\bar{\mu}[0]$ 是 μ 的 99% 的置信区间。同理，图 7.5 的模糊数据 $\bar{\mu}$ 的支集 $\bar{\mu}[0]$ 是 μ 的 90% 的置信区间，而图 7.6 的模糊数据 $\bar{\mu}$ 的支集 $\bar{\mu}[0]$ 是 μ 的 99.9% 的置信区间。

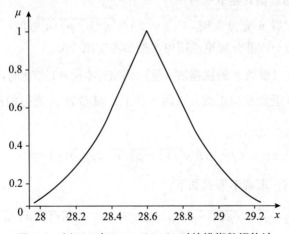

图 7.5　例 7.2 当 $0.10 \leqslant \beta \leqslant 1$ 时的模糊数据估计

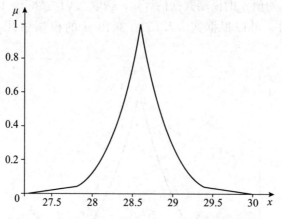

图 7.6　例 7.2 当 $0.001 \leqslant \beta \leqslant 1$ 时的模糊数据估计

第三节　二项分布参数的模糊估计

本节主要讨论二项分布参数 p 的模糊估计问题。

考察某个统计试验，此试验只有成功和失败两种结果。每一次试验是独立的，并且成功的概率是 p，则失败的概率是 $q=1-p$。如果研究对象是在 n 次独立试验中成功次数为 x 的概率，则将这种随机变量的概率分布称为二项分布。现在想要估计此分布的参数 p，设 n 次试验中成功的次数是 x，则 p 的点估计是 $\hat{p}=x/n$。

当试验次数 n 充分大时，$(\hat{p}-p)/\sqrt{p(1-p)/n}$ 近似服从正态分布 $N(0,1)$，关于该部分理论说明可参阅参考文献 [83]。

定义 7.4（参数 p 的模糊估计量）　考察样本量 n 足够大时，在 $(\hat{p}-p)/\sqrt{p(1-p)/n}$ 近似服从正态分布的条件下，对参数 p 进行模糊数据估计。因此

$$P(-z_{\beta/2} \leqslant (\hat{p}-p)/\sqrt{p(1-p)/n} \leqslant z_{\beta/2}) \approx 1-\beta \qquad (7.16)$$

利用式（7.16）求解不等式如下：

$$P(\hat{p}-z_{\beta/2}\sqrt{p(1-p)/n} \leqslant p \leqslant \hat{p}+z_{\beta/2}\sqrt{p(1-p)/n}) \approx 1-\beta$$
$$(7.17)$$

因此将 p 的 $(1-\beta)100\%$ 的置信区间定义为：

$$\left[\hat{p}-z_{\beta/2}\sqrt{p(1-p)/n}\ ,\ \hat{p}+z_{\beta/2}\sqrt{p(1-p)/n}\ \right] \tag{7.18}$$

将式（7.18）称为参数 p 的模糊估计量。

在式（7.18）中，由于 p 是未知参数，所以仍然无法直接计算其置信区间。但是由于假设 n 充分大，所以可用 $\hat{p}$ 取代 p，于是这里用 $\hat{q}=1-\hat{p}$ 表示 $1-p$。因此，可得到 p 的 $(1-\beta)100\%$ 的置信区间是

$$\left[\hat{p}-z_{\beta/2}\sqrt{\hat{p}\hat{q}/n}\ ,\ \hat{p}+z_{\beta/2}\sqrt{\hat{p}\hat{q}/n}\ \right] \tag{7.19}$$

与本章第一节利用置信区间给出模糊数据估计的方法一样，可利用 p 的 $(1-\beta)100\%$ 的置信区间得到 p 的模糊估计 $\bar{p}$，$\bar{p}$ 是三角形态模糊数据。

下面给出计算二项分布参数 p 的模糊估计的例子。

例 7.3　假设 $n=350$ 且 $x=180$，则 $\hat{p}=\dfrac{x}{n}=\dfrac{180}{350}=0.514\ 3$，而且

$$\sqrt{\hat{p}\hat{q}/n}=\sqrt{\frac{0.514\ 3(1-0.514\ 3)}{350}}=0.026\ 7$$

所以，$\hat{p}$ 的 $(1-\beta)100\%$ 的置信区间是

$$\left[0.514\ 3-0.026\ 7z_{\beta/2}\ ,\ 0.514\ 3+0.026\ 7z_{\beta/2}\right] \tag{7.20}$$

现在计算参数 p 的模糊估计数 $\bar{p}$，并选择 $0.01\leqslant\beta\leqslant1$，运用本章第一节所述方法，可以根据式（7.20），得出 p 的模糊数据估计就是模糊数据 $\bar{p}$，如图 7.7 所示。

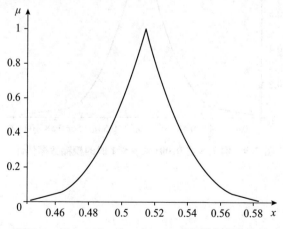

图 7.7　例 7.3 当 $0.01\leqslant\beta\leqslant1$ 时的模糊数据估计

利用同样的方法，根据式（7.20），选择 $0.10\leqslant\beta\leqslant1$ 及 $0.001\leqslant\beta\leqslant1$，

则可分别获得图 7.7 和图 7.8 所示的模糊数据估计 $\bar{p}$。注意，图 7.8 中已将纵轴的起点调整为 0.08。

　　图 7.7 的模糊数据 $\bar{p}$ 的支集 $\bar{p}[0]$ 是 p 的 99% 的置信区间。同理，图 7.8 的模糊数据 $\bar{p}$ 的支集 $\bar{p}[0]$ 是 p 的 90% 的置信区间。图 7.9 的模糊数据 $\bar{p}$ 的支集 $\bar{p}[0]$ 是 p 的 99.9% 的置信区间。

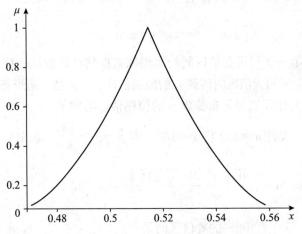

图 7.8　例 7.3 当 $0.10 \leqslant \beta \leqslant 1$ 时的模糊数据估计

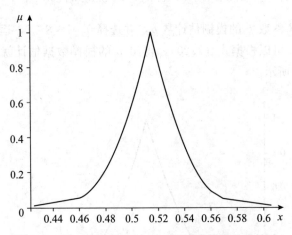

图 7.9　例 7.3 当 $0.001 \leqslant \beta \leqslant 1$ 时的模糊数据估计

第八章　正态分布未知方差的模糊估计

本章讨论总体正态分布的关于方差的模糊估计问题，首先分析如何获得方差的模糊估计，然后提出方差的模糊估计量定义，并对有偏的模糊估计量和无偏的模糊估计量的两种情况分别展开分析和研究，最后给出了有关事例的应用。

第一节　有偏的模糊估计量

本节讨论正态分布总体的方差未知时，如何获得方差的模糊估计。首先给出正态分布方差 σ^2 的模糊估计量的定义，并阐述利用前面第七章的模糊估计方法，得到方差 σ^2 的一个有偏的模糊估计量。

定义 8.1（参数 σ^2 的有偏的模糊估计量） 考察 X 是服从正态分布 $N(\mu,\sigma^2)$ 的随机变量，假设 μ 和 σ^2 都是未知参数。想要通过来自 $N(\mu,\sigma^2)$ 的一组随机样本 $X_1,\cdots,X_n$ 估计未知参数 σ^2。如果这组随机样本的实现是 $X_1,\cdots,X_n$，则未知参数 σ^2 的点估计值可表示如下：

$$s^2 = \sum_{i=1}^{n} (x_i - \bar{x})^2/(n-1) \tag{8.1}$$

由于 $(n-1)s^2/\sigma^2$ 服从自由度为 $n-1$ 的卡方分布，因此

$$P(\chi^2_{L,\beta/2} \leqslant (n-1)s^2/\sigma^2 \leqslant \chi^2_{R,\beta/2}) = 1-\beta \tag{8.2}$$

其中 $\chi^2_{L,\beta/2}$ 表示该点的左侧累积概率是 $\beta/2$，$\chi^2_{R,\beta/2}$ 表示该点的右侧累积概

率是 $\beta/2$。利用式（8.2）求出 σ^2 的不等式如下：

$$P\left(\frac{(n-1)s^2}{\chi^2_{R,\beta/2}}\leqslant\sigma^2\leqslant\frac{(n-1)s^2}{\chi^2_{L,\beta/2}}\right)=1-\beta \tag{8.3}$$

$$[(n-1)s^2/\chi^2_{R,\beta/2},\ (n-1)s^2/\chi^2_{L,\beta/2}] \tag{8.4}$$

将式（8.4）称为参数 σ^2 的有偏的模糊估计量。

与前面第七章利用置信区间推导模糊估计的方法一样，利用 σ^2 的 $(1-\beta)100\%$ 的置信区间，可以获得 σ^2 的模糊数据估计 $\bar\sigma^2$，其中 $\bar\sigma^2$ 是三角形态模糊数。

注意，根据置信区间式（8.4）获得的模糊数据估计 $\bar\sigma^2$，由于在隶属度等于 1（也就是设 $\beta=1$ 时）的对应顶点并不是 s^2，所以称此模糊数据为有偏估计量。

在式（8.4）中，设 $\beta=1$，定义修正因子为

$$修正因子=\frac{n-1}{\chi^2_{R,0.50}}=\frac{n-1}{\chi^2_{L,0.50}} \tag{8.5}$$

在式（8.5）中，有 $\chi^2_{R,0.50}=\chi^2_{L,0.50}$，根据式（8.5）的定义，则模糊数据估计 $\bar\sigma^2$ 的隶属度等于 1（也就是设 $\beta=1$，即 0% 的置信区间）时的对应顶点是

$$[修正因子(s^2)，修正因子(s^2)]=修正因子(s^2) \tag{8.6}$$

因为式（8.6）中修正因子 $\neq1$，所以模糊数据估计 $\bar\sigma^2$ 的隶属度等于 1 时的对应顶点不是 s^2。表 8.1 给出了各个不同 n 值下的修正因子值，这表明修正因子 $\neq1$。

表 8.1　n 值与对应的修正因子值

n	修正因子
10	1.078 8
20	1.036 1
30	1.013 8
100	1.006 8
500	1.001 3
1 000	1.000 7

本节所阐述的模糊数据估计 $\bar\sigma^2$ 是有偏的，下一节将阐述无偏的模糊数据估计，即其隶属度等于 1 时所对应的顶点处于 s^2。可以看出，当

$n\rightarrow\infty$时，修正因子$\rightarrow1$，但 n 很小时，修正因子明显大于 1，因此现在这里给出的模糊数据估计是有偏的。

下一节将讨论构建无偏的模糊估计量的问题，图形顶点在 s^2 处。

第二节　无偏的模糊估计量

本节讨论在正态分布总体的方差未知时，如何获得方差 σ^2 的无偏的模糊估计量。

由于 $(n-1)s^2/\sigma^2$ 服从自由度为 $n-1$ 的卡方分布，就卡方分布的 $(1-\beta)100\%$的置信区间而言，可找到两个数 a 和 b，使得下面的关系式成立：

$$P(a\leqslant(n-1)s^2/\sigma^2\leqslant b)=1-\beta \tag{8.7}$$

在式（8.7）中，一般方法是使两尾侧的累积概率相等，也就是 $a=\chi^2_{L,0.50}$ 点的左侧累积概率是 $\beta/2$，同时 $b=\chi^2_{R,0.50}$ 点的右侧累积概率是 $\beta/2$。

对于本节所阐述的无偏的模糊数据估计量来说，并不是要找出满足这个性质的两个数 a 和 b，而是要改变 a 和 b 两个数的决定方式，使得这个模糊数据估计量具有无偏性。

定义 8.2（参数 σ^2 的无偏的模糊估计量） 设 $0.01\leqslant\beta\leqslant1$，由于 β 值的范围已经确定，而且 n 与 s^2 的值也都是确定的，首先定义 $L(\lambda)$ 和 $R(\lambda)$ 如下：

$$L(\lambda)=[1-\lambda]\chi^2_{R,0.005}+\lambda(n-1) \tag{8.8}$$

$$R(\lambda)=[1-\lambda]\chi^2_{L,0.005}+\lambda(n-1) \tag{8.9}$$

这种做法类似于取平均，只是想使得 $L(\lambda)$ 或 $R(\lambda)$ 在 $\lambda=0$ 时，刚好是 $\chi^2_{R,0.50}$ 或 $\chi^2_{L,0.50}$，于是将 σ^2 的置信区间定义为

$$\left[\frac{(n-1)s^2}{L(\lambda)},\ \frac{(n-1)s^2}{R(\lambda)}\right] \tag{8.10}$$

将式（8.10）称为参数 σ^2 的无偏的模糊估计量。

注意，式（8.10）中 $0\leqslant\lambda\leqslant1$。当 $\lambda=0$ 时，式（8.10）是置信水平为 99%的置信区间。当 $\lambda=1$ 时，式（8.10）为置信水平为 0%的置信区间。由于 0%的置信区间是 $[s^2,\ s^2]=s^2$，因此，利用式（8.10）给出的模糊数据估计量具有无偏性。类似于第七章的分析方法，随着 λ 从 0 连续递增至 1，最终得到构成 σ^2 的无偏的模糊估计量 $\bar{\sigma}^2$。此外，对于总体

标准差 σ 来说，其置信区间是：

$$\left[\sqrt{(n-1)/L(\lambda)}\,s,\ \sqrt{(n-1)/R(\lambda)}\,s\right] \tag{8.11}$$

现在将无偏的模糊数据估计量方法和前一节给出的有偏的模糊数据估计量方法加以比较，由于 $(n-1)s^2/\sigma^2$ 服从自由度为 $n-1$ 的卡方分布，对于自由度为 $n-1$ 的卡方分布而言，此卡方分布的均值是 $n-1$ 且中位数是 Md，也就是

$$P(X\leqslant Md)=P(X\geqslant Md)=0.50。$$

设 $\beta\in[0.01,1]$，当 β 从 0.01 连续递增至 1 时，$\chi^2_{L,\beta/2}$ 则从 $\chi^2_{L,0.005}$ 连续递增至 $\chi^2_{L,0.5}$，而 $\chi^2_{R,\beta/2}$ 则从 $\chi^2_{R,0.005}$ 连续递减至 $\chi^2_{R,0.5}$。当 $\beta=1$ 时，$\chi^2_{L,\beta/2}=\chi^2_{R,\beta/2}=Md$，即 $\chi^2_{L,0.5}$ 与 $\chi^2_{R,0.5}$ 都是中位数，这里记为 Md。根据前面式（8.5）的定义，同时从表 8.1 的信息可知，中位数

$$Md=\chi^2_{L,\beta/2}=\chi^2_{R,\beta/2}$$

永远小于平均数 $n-1$。根据前面式（8.4）的定义，当 $\beta=1$ 时（即 0% 的置信区间），$[(n-1)s^2/\chi^2_{R,0.5},\ (n-1)s^2/\chi^2_{L,0.5}]$ 并不等于 $[s^2,\ s^2]=s^2$，因此前一节给出的模糊数据估计量是有偏估计量。

在本节中，当 λ 从 0 连续递增至 1 时，$L(\lambda)$ 从 $\chi^2_{R,0.005}$ 递减至 $n-1$，而 $R(\lambda)$ 则从 $\chi^2_{L,0.005}$ 递增至 $n-1$。当 $\lambda=1$ 时，$L(\lambda)=R(\lambda)=n-1$，此时式（8.10）的置信区间是

$$[(n-1)s^2/L(1),\ (n-1)s^2/R(1)]=[s^2,\ s^2]$$

因此这里给出的模糊数据估计量是一种无偏估计量。后面几章将会利用模糊估计的无偏估计量方法来求出方差 σ^2 的模糊估计 $\bar\sigma^2$。

下面在给定 $\lambda=\lambda^*\in[0,1]$ 的情况下，阐述如何求出对应于 β 值的置信区间的值。设 $L^*=L(\lambda^*)$ 以及 $R^*=R(\lambda^*)$，并定义

$$l=\int_0^{R^*}\chi^2\,\mathrm{d}x \tag{8.12}$$

$$r=\int_{L^*}^{\infty}\chi^2\,\mathrm{d}x \tag{8.13}$$

其中式（8.12）和式（8.13）的 χ^2 分布的自由度是 $n-1$，然后设 $\beta=l+r$，其中 l 或 r 并不一定等于 $\beta/2$。由于 $1-\beta=\int_{R^*}^{L^*}\chi^2\,\mathrm{d}x$，所以此时式（8.10）变成

$$\left[\frac{(n-1)s^2}{L(\lambda^*)},\ \frac{(n-1)s^2}{R(\lambda^*)}\right]=\left[\frac{(n-1)s^2}{L^*},\ \frac{(n-1)s^2}{R^*}\right]$$

是 $(1-\beta)100\%$ 的置信区间。对式 (8.12) 和式 (8.13) 进行积分可以计算得到 β 值。

例 8.1 假设随机变量服从正态分布 $N(\mu,\ \sigma^2)$，其总体方差 σ^2 是未知的。想要根据来自 $N(\mu,\ \sigma^2)$ 的一组随机样本 $X_1,\ \cdots,\ X_n$ 对总体方差 σ^2 进行模糊估计。设随机样本的样本量 $n=25$，且 $s^2=3.42$。由于 $(n-1)s^2=(25-1)\times3.42=82.08$。根据式 (8.10)，$(1-\beta)100\%$ 的置信区间是

$$\left[\frac{82.08}{L(\lambda)},\ \frac{82.08}{R(\lambda)}\right] \tag{8.14}$$

下面计算 σ^2 的无偏的模糊数据估计量 $\bar{\sigma}^2$，并选取 $0.01\leqslant\beta\leqslant1$，根据式 (8.14)，画出 σ^2 的模糊数据估计 $\bar{\sigma}^2$，如图 8.1 所示。

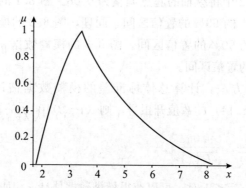

图 8.1　例 8.1 当 $0.01\leqslant\beta\leqslant1$ 时的模糊数据估计

利用同样的方法，根据式 (8.14)，选取 $0.10\leqslant\beta\leqslant1$ 与 $0.001\leqslant\beta\leqslant1$，可以分别获得图 8.2 和图 8.3 的模糊数据 $\bar{\sigma}^2$。

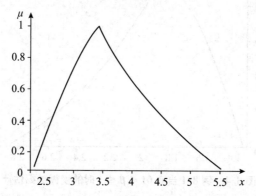

图 8.2　例 8.1 当 $0.01\leqslant\beta\leqslant1$ 时的模糊数据估计

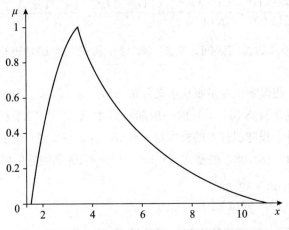

图 8.3　例 8.1 当 0.001 ≤ β ≤ 1 时的模糊数据估计

注意，图 8.2 中将纵轴的起点调整为 0.08。图 8.1 的模糊数据 $\bar{\sigma}^2$ 的支集 $\bar{\sigma}^2[0]$ 是 $\bar{\sigma}^2$ 的 99% 的置信区间。同理，图 8.2 的模糊数据 $\bar{\sigma}^2$ 的支集 $\bar{\sigma}^2[0]$ 是 $\bar{\sigma}^2$ 的 90% 的置信区间。图 8.3 的模糊数据 $\bar{\sigma}^2$ 的支集 $\bar{\sigma}^2[0]$ 是 $\bar{\sigma}^2$ 的 99.9% 的置信区间。

利用同样的方法，计算总体标准差的模糊数据估计 $\bar{\sigma}$，可根据式 (8.11)，将式 (8.14) 的数值开根号，则 $(1-\beta)100\%$ 的置信区间是

$$\left[\frac{9.06}{\sqrt{L(\lambda)}}, \frac{9.06}{\sqrt{R(\lambda)}}\right] \tag{8.15}$$

当选取 $0.01 \leq \beta \leq 1$ 时，可以获得模糊数据估计 $\bar{\sigma}$，如图 8.4 所示。

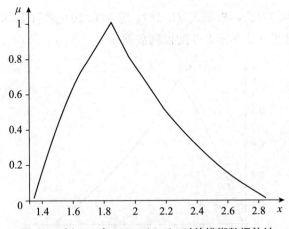

图 8.4　例 8.1 当 0.01 ≤ β ≤ 1 时的模糊数据估计

第九章　两个总体均值之差的模糊估计方法

本章分析和讨论两个总体分别服从正态分布 $N(\mu_1, \sigma_1^2)$ 与 $N(\mu_2, \sigma_2^2)$，其中参数 μ_1 与 μ_2 是未知的，而 σ_1^2 与 σ_2^2 已知时，均值之差的模糊估计方法，提出均值之差的模糊估计量的定义，并给出有关的应用事例。

第一节　方差已知时均值之差的模糊估计量

考察两个总体分别服从正态分布 $N(\mu_1, \sigma_1^2)$ 与 $N(\mu_2, \sigma_2^2)$，其中参数 μ_1 与 μ_2 是未知的，但 σ_1^2 与 σ_2^2 是已知的。

假如存在一组来自 $N(\mu_1, \sigma_1^2)$ 的随机样本，样本量是 n_1，样本均值是 $\bar{x}_1$，还存在另一组来自 $N(\mu_2, \sigma_2^2)$ 的随机样本，样本量是 n_2，样本均值是 $\bar{x}_2$。在这些条件下，想要获得均值之差 $\mu_1 - \mu_2$ 的模糊估计。

下面首先给出均值之差 $\mu_1 - \mu_2$ 的模糊估计量的定义。

定义 9.1（均值之差$\mu_1 - \mu_2$的模糊估计量）　考察两个总体分别服从正态分布 $N(\mu_1, \sigma_1^2)$ 与 $N(\mu_2, \sigma_2^2)$，其中参数 μ_1 与 μ_2 是未知的，但 σ_1^2 与 σ_2^2 是已知的。存在两组随机样本是相互独立的，则 $\bar{x}_1 - \bar{x}_2$ 服从均值为 $\mu_1 - \mu_2$ 且标准差为 $\sigma_0 = \sqrt{\dfrac{\sigma_1^2}{n_1} + \dfrac{\sigma_2^2}{n_2}}$ 的正态分布，依据第七章的模糊估计方法，将均值之差 $\mu_1 - \mu_2$ 的 $(1-\beta)100\%$ 的置信区间定义为

$$[\bar{x}_1 - \bar{x}_2 - z_{\beta/2}\sigma_0, \ \bar{x}_1 - \bar{x}_2 + z_{\beta/2}\sigma_0] \tag{9.1}$$

其中 $z_{\beta/2}$ 的定义是

$$\int_{-\infty}^{z_{\beta/2}} N(0,1)\mathrm{d}x = 1 - \frac{\beta}{2}$$

这时将式（9.1）称为均值之差 $\mu_1 - \mu_2$ 的模糊估计量。

很明显，利用式（9.1）关于 $\mu_1 - \mu_2$ 的 $(1-\beta)100\%$ 的置信区间，已知两个正态分布的方差，而且两组随机样本是相互独立的，可以获得 $\mu_1 - \mu_2$ 的模糊估计数据 $\bar{\mu}_{12}$，其中 $\bar{\mu}_{12}$ 是三角形态模糊数据。

下面给出均值之差 $\mu_1 - \mu_2$ 的模糊估计的例子。

例 9.1　考察某两所大学的大四学生的体重情况，这里研究体重均值的比较问题。假设体重服从正态分布，某所大学大四学生的样本量 $n_1 = 15$，样本均值是 $\bar{x}_1 = 70.1$，$\sigma_1^2 = 6$。另一所大学大四学生的样本量 $n_2 = 8$，样本均值是 $\bar{x}_2 = 75.3$，$\sigma_2^2 = 4$。

利用式（9.1），计算得出体重比较值 $\mu_1 - \mu_2$ 的 $(1-\beta)100\%$ 的置信区间为：

$$[-5.2 - 0.948\ 7z_{\beta/2}, \ -5.2 + 0.948\ 7z_{\beta/2}] \tag{9.2}$$

为了获得 $\mu_1 - \mu_2$ 的模糊估计，首先选取 $0.01 \leqslant \beta < 1$，然后确定 $z_{\beta/2}$ 的值。同时，画出 $\mu_1 - \mu_2$ 的模糊估计数据的图形，如图 9.1 所示。

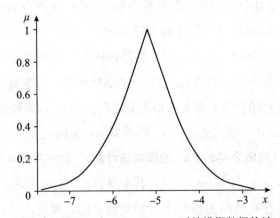

图 9.1　例 9.1 当 $0.01 \leqslant \beta < 1$ 时的模糊数据估计

当然，依据式（9.2），还可以选取 $0.1 \leqslant \beta < 1$ 与 $0.001 \leqslant \beta < 1$ 来获得 $\mu_1 - \mu_2$ 的模糊估计。由于所用方法是完全一样的，故这里省略。

第二节 方差未知时均值之差的模糊估计量

本节继续前一节的内容讨论，考察两个总体分别服从正态分布 $N(\mu_1, \sigma_1^2)$ 与 $N(\mu_2, \sigma_2^2)$，其中参数 μ_1 与 μ_2 是未知的，同时 σ_1^2 与 σ_2^2 也是未知的情况。

假如存在一组来自总体 $N(\mu_1, \sigma_1^2)$ 的随机样本，样本量是 n_1，样本均值是 $\bar{x}_1$。还存在另一组来自总体 $N(\mu_2, \sigma_2^2)$ 的随机样本，样本量是 n_2，样本均值是 $\bar{x}_2$。

在这些条件下，想要获得 $\mu_1 - \mu_2$ 的模糊估计，存在三种不同情况的模糊估计方法。

一、大样本下的模糊估计方法

当样本量 $n_1 > 30$ 且样本量 $n_2 > 30$ 时，样本量足够大，将这种情况称为大样本。

定义 9.2（均值之差 $\mu_1 - \mu_2$ 的模糊估计量） 设 s_1^2 是来自总体 $N(\mu_1, \sigma_1^2)$ 的随机样本方差，而 s_2^2 是来自总体 $N(\mu_2, \sigma_2^2)$ 的随机样本方差。在样本量是大样本的条件下，$\bar{x}_1 - \bar{x}_2$ 近似服从均值为 $\mu_1 - \mu_2$ 且标准差为 s_0 的正态分布，其中 $s_0 = \sqrt{\dfrac{\sigma_1^2}{n_1} + \dfrac{\sigma_2^2}{n_2}}$。依据前面第七章的模糊估计方法，将均值之差 $\mu_1 - \mu_2$ 的 $(1-\beta)100\%$ 的置信区间定义为

$$[\bar{x}_1 - \bar{x}_2 - z_{\beta/2}s_0, \ \bar{x}_1 - \bar{x}_2 + z_{\beta/2}s_0] \tag{9.3}$$

其中 $z_{\beta/2}$ 的定义为

$$\int_{-\infty}^{z_{\beta/2}} N(0, 1)\mathrm{d}x = 1 - \frac{\beta}{2}$$

这时将式（9.3）称为均值之差 $\mu_1 - \mu_2$ 的模糊估计量。

很明显，利用式（9.3）关于 $\mu_1 - \mu_2$ 的 $(1-\beta)100\%$ 的置信区间，可以获得均值之差 $\mu_1 - \mu_2$ 的模糊估计数据 $\bar{\mu}_{12}$，这里 $\bar{\mu}_{12}$ 是三角形态模糊数据。

二、小样本下的模糊估计方法

对正态分布 $N(\mu_1, \sigma_1^2)$ 总体随机抽取样本量 n_1，对正态分布

$N(\mu_2,\ \sigma_2^2)$ 总体随机抽取样本量 n_2，这时 $n_1 \leqslant 30$，$n_2 \leqslant 30$，二者之一成立或两者都成立，将这种情况称为小样本。

对于小样本模糊估计方法来说，下面进一步分成两种不同的情况加以讨论：一种情况是，两个总体方差相等；另一种情况是，两个总体方差不相等。下面分别对它们进行阐述和讨论。

1. 两个总体方差相等时的模糊估计方法

定义 9.3（均值之差 $\mu_1 - \mu_2$ 的模糊估计量） 考察两个正态分布总体 $N(\mu_1,\ \sigma_1^2)$ 与 $N(\mu_2,\ \sigma_2^2)$ 的方差相等，即 $\sigma_1^2 = \sigma_2^2 = \sigma^2$ 的情况，将共同方差的模糊估计量 s_p 定义为

$$s_p = \sqrt{\frac{(n_1-1)s_1^2 + (n_2-1)s_2^2}{n_1+n_2-2}} \tag{9.4}$$

设 $s^* = s_p\sqrt{1/n_1 + 1/n_2}$，则下面的统计量服从自由度为 n_1+n_2-2 的 t 分布

$$T = \frac{(\bar{x}_1 - \bar{x}_2) - (\mu_1 - \mu_2)}{s^*} \tag{9.5}$$

依据式（9.5）得出

$$P(-t_{\beta/2} \leqslant T \leqslant t_{\beta/2}) = 1 - \beta \tag{9.6}$$

将均值之差 $\mu_1 - \mu_2$ 的 $(1-\beta)100\%$ 的置信区间定义为

$$[\bar{x}_1 - \bar{x}_2 - t_{\beta/2},\ \bar{x}_1 - \bar{x}_2 + t_{\beta/2}] \tag{9.7}$$

将式（9.7）称为均值之差 $\mu_1 - \mu_2$ 的模糊估计量。

与第七章利用置信区间得到模糊估计的方法一样，利用式（9.7）关于 $\mu_1 - \mu_2$ 的 $(1-\beta)100\%$ 的置信区间，可以得到 $\mu_1 - \mu_2$ 的模糊估计数据 $\bar{\mu}_{12}$，这里 $\bar{\mu}_{12}$ 是三角形态模糊数据。

下面给出小样本条件下，两个总体方差未知但相等时关于 $\mu_1 - \mu_2$ 的模糊估计的例子。

例 9.2 考察某两所大学大四学生的体重情况，这里研究体重的比较问题。设体重服从正态分布。某所大学大四学生的样本量 $n_1 = 15$，样本均值是 $\bar{x}_1 = 70.1$，$s_1^2 = 6$。另一所大学大四学生的样本量 $n_2 = 8$，样本均值是 $\bar{x}_2 = 75.3$，$s_2^2 = 4$。

这些数据类似于前面的例 9.1，但是方差未知，只能得到方差估计

值，而且它们不相等。利用式（9.4）可以得出

$$s_p = \sqrt{[(15-1)\times 6 + (8-1)\times 4]/(15+8-2)} = 2.309\ 4$$

所以

$$s^* = s_p \sqrt{1/n_1 + 1/n_2} = 2.309\ 4\sqrt{1/15+1/8} = 1.011\ 0$$

同时 $\bar{x}_1 - \bar{x}_2 = -5.2$，因此均值之差 $\mu_1 - \mu_2$ 的 $(1-\beta)100\%$ 的置信区间是

$$[-5.2-1.011\ 0t_{\beta/2},\ -5.2+1.011\ 0t_{\beta/2}] \tag{9.8}$$

式（9.8）是自由度为 $n_1+n_2-2=15+8-2=21$ 的 t 分布。

为了得到均值之差 $\mu_1 - \mu_2$ 的模糊估计，首先选取 $0.01 \leqslant \beta < 1$，然后确定 $t_{\beta/2}$ 的值。同时，还可以画出 $\mu_1 - \mu_2$ 的模糊估计数据的图形，如图 9.2 所示。

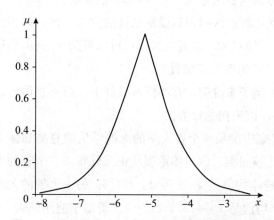

图 9.2　例 9.2 当 $0.01 \leqslant \beta < 1$ 时的模糊数据估计

2. 两个总体方差不相等时的模糊估计方法

定义 9.4（均值之差 $\mu_1 - \mu_2$ 的模糊估计量）　考察两个正态分布总体 $N(\mu_1,\ \sigma_1^2)$ 与 $N(\mu_2,\ \sigma_2^2)$ 的方差不相等，也就是 $\sigma_1^2 \neq \sigma_2^2$ 的情况，设 $s_0 = \sqrt{\dfrac{s_1^2}{n_1}+\dfrac{s_2^2}{n_2}}$，那么下面的统计量

$$T = \frac{(\bar{x}_1 - \bar{x}_2) - (\mu_1 - \mu_2)}{s_0} \tag{9.9}$$

近似服从自由度为 r 的 t 分布，其中自由度 r 由下面的式（9.10）

$$\frac{(A+B)^2}{\dfrac{A^2}{n_1-1}+\dfrac{B^2}{n_2-1}} \tag{9.10}$$

给出，其中 $A=s_1^2/n_1$，$B=s_2^2/n_2$。设

$$T=\frac{(\bar{x}_1-\bar{x}_2)-(\mu_1-\mu_2)}{s_0} \tag{9.11}$$

由于统计量 T 近似服从自由度为 r 的 t 分布，依据式（9.11），因此

$$P(-t_{\beta/2}\leqslant T\leqslant t_{\beta/2})\approx 1-\beta \tag{9.12}$$

将均值之差 $\mu_1-\mu_2$ 的 $(1-\beta)100\%$ 的置信区间定义为

$$[\bar{x}_1-\bar{x}_2-t_{\beta/2}s_0,\ \bar{x}_1-\bar{x}_2+t_{\beta/2}s_0] \tag{9.13}$$

将式（9.13）称为均值之差 $\mu_1-\mu_2$ 的模糊估计量。

与第七章利用置信区间得到模糊估计的方法一样，利用式（9.13）关于 $\mu_1-\mu_2$ 的 $(1-\beta)100\%$ 的置信区间，可以得到 $\mu_1-\mu_2$ 的模糊估计数据 $\bar{\mu}_{12}$，这里 $\bar{\mu}_{12}$ 是三角形态模糊数据。

下面用一个例子来说明，在小样本条件下，两个总体方差未知且不相等时关于 $\mu_1-\mu_2$ 的模糊估计方法。

例9.3　考察中国某两个省大学的大四学生的身高和体重的情况，这里研究体重的比较问题。假设体重服从正态分布。一个省的大四学生的样本量 $n_1=15$，样本均值是 $\bar{x}_1=70.1$，$s_1^2=6$。另一个省的大四学生的样本量 $n_2=8$，样本均值是 $\bar{x}_2=75.3$，$s_2^2=4$。类似于前面例9.2，假设方差不相等。

利用关于 s_0 的公式，得出 $s_0=\sqrt{[6/15+4/8]}=0.948\ 7$，同时 $\bar{x}_1-\bar{x}_2=-5.2$。因此，$\mu_1-\mu_2$ 的 $(1-\beta)100\%$ 的置信区间

$$[-5.2-0.948\ 7t_{\beta/2},\ -5.2+0.948\ 7t_{\beta/2}] \tag{9.14}$$

由于 $A=6/15=0.4$，并且 $B=4/8=0.5$，利用式（9.10），得到 $\dfrac{(A+B)^2}{\dfrac{A^2}{n_1-1}+\dfrac{B^2}{n_2-1}}=17.181\ 8$，所以 t 分布的自由度为18。为了得到 $\mu_1-\mu_2$ 的模糊估计，首先选取 $0.01\leqslant\beta<1$，然后确定 $t_{\beta/2}$ 的值。同时依据式（9.14）可以画出 $\mu_1-\mu_2$ 的模糊估计的图形，如图9.3所示。

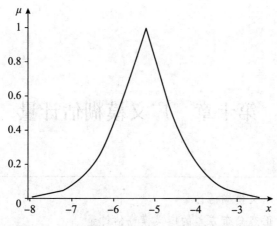

图 9.3 例 9.3 当 $0.01 \leqslant \beta < 1$ 时的模糊数据估计

第十章　广义模糊估计量

这一章是对前面第七章所述的模糊估计量进行推广，提出广义模糊估计量，并给出对应的隶属函数。此外，分析和提出小样本情况下正态分布均值的广义模糊估计量，大样本情况下正态分布均值、方差的广义模糊估计量，指数分布均值的广义模糊估计量。

第一节　广义模糊估计量

一、广义模糊估计量

定义 10.1（参数 θ 的广义模糊估计量）　设 X_1，$\cdots$，X_n 表示来自具有未知参数 θ 的分布的样本量为 n 的随机样本，设 $[\theta_1(\beta)$，$\theta_2(\beta)]$ 表示关于 θ 的 $(1-\beta)100\%$ 的置信区间，利用下面单调递增、连续且映上的函数，即

$$h(\beta): (0, 1] \to \left[\frac{\gamma}{2}, 0.5\right], \gamma \in (0, 1) \tag{10.1}$$

那么将由

$$\tilde{\theta}_\gamma[\beta] = [\theta_1(2h(\beta)), \theta_2(2h(\beta))], \beta \in (0, 1] \tag{10.2}$$

区间诱导的模糊估计量 $\tilde{\theta}_\gamma$ 族称为 θ 的广义模糊估计量族，简称 θ 的广义模

糊估计量。

下面的定理 10.1 给出了关于广义模糊估计量的性质。

定理 10.1　广义模糊估计量是一个完整三角形模糊数据，它的 α 截集是 θ 的 $(1-2h(\beta))100\%$ 的置信区间，其中 $\beta \in (0, 1]$，它的紧支集是关于 θ 的 $(1-\gamma)100\%$ 的置信区间。

证明：由定义可知，$h(\beta)$ 是单调递增、连续且映上的函数，于是得出如下结论：$\theta_1(2\theta_2(2h(\beta)))$ 是非递减且连续的复合函数，$\theta_2(2h(\beta))$ 是非递增且连续的复合函数，因此 $(1-2h(\beta))100\%$ 成为一个嵌套置信区间，也就是 $\theta_1(2h(\beta)) \leqslant \theta_2(2h(\beta))$。

利用 Wu 和 Zhang 的关于构建模糊集合的定理 2.1，以及前面的已知条件，就能得到唯一的模糊集，它是由关于 θ 的 $(1-2h(\beta))100\%$ 的置信区间集合所建立的。

为了证明这个模糊集是模糊数据，只需要证明所有的 α 截集都包含于闭的且有界的区间，此区间是

$$\widetilde{\theta}_{\gamma}^0 = [\theta_1(2h(0)), \theta_2(2h(0))] = [\theta_1(\gamma), \theta_2(\gamma)]$$

这正是关于 θ 的 $(1-\gamma)100\%$ 的置信区间。　　　　　　　　　□

下面讨论如何构建广义模糊估计量。依据定义，首先选择合适的单调递增、连续且映上的函数，然后建立所需的与之有关的特定的广义模糊估计量。

具体而言，下面几种函数是经常运用的备选函数，但并不是唯一的。比如：

①$h(\alpha) = \left(\dfrac{1}{2} - \dfrac{\gamma}{2}\right)\alpha + \dfrac{\gamma}{2}$，线性广义模糊估计量。

②$h(\alpha) = \left(\dfrac{1}{2} - \dfrac{\gamma}{2}\right)\alpha^2 + \dfrac{\gamma}{2}$，平方广义模糊估计量。

③$h(\alpha) = \left(\dfrac{1}{2} - \dfrac{\gamma}{2}\right)\alpha^3 + \dfrac{\gamma}{2}$，立方广义模糊估计量。

④$h(\alpha) = \left(\dfrac{1}{2} - \dfrac{\gamma}{2}\right)\sqrt{\alpha} + \dfrac{\gamma}{2}$，平方根广义模糊估计量。

⑤$h(\alpha) = \left(\dfrac{1}{2} - \dfrac{\gamma}{2}\right)\alpha^{1/3} + \dfrac{\gamma}{2}$，立方根广义模糊估计量。

⑥$h(\alpha) = \left(\dfrac{1}{2} - \dfrac{\gamma}{2}\right)\alpha^{1/4} + \dfrac{\gamma}{2}$，1/4 幂形式广义模糊估计量。

⑦$h(\alpha)=\begin{cases}\dfrac{\alpha}{2}, & \alpha\geqslant\gamma \\[2mm] \dfrac{\gamma}{2}, & \alpha<\gamma\end{cases}$，标准模糊估计量。

对于上述每一个函数，研究者都能决定模糊估计量的隶属函数的形状，特别是每一个模糊估计量的支集是（1−γ）100％的置信区间。

例如，当取 $\gamma=0.10$ 时，对应于 90％ 的置信区间；当选取 $\gamma=0.05$ 时，对应于 95％ 的置信区间；等等。因此可以看出，广义模糊估计量是对前面所述的模糊估计量的推广和一般化。

二、广义模糊估计量的隶属函数

定理 10.2　设 $X_1,\cdots,X_n$ 表示来自具有未知参数 θ 的分布的样本量为 n 的随机样本，如果 $[\theta_1(\beta),\theta_2(\beta)]$ 表示关于 θ 的 $(1-\beta)100\%$ 的置信区间，那么广义模糊估计量具有如下隶属函数：

$$\widetilde{\theta}_\gamma(x)=\min\{p^{-1}(x),(-q)^{-1}(-x),1\} \tag{10.3}$$

其中 $p=\theta_1\circ2h$，$q=\theta_2\circ2h$ 表示函数的复合，这里 $h(\beta):(0,1]\to\left[\dfrac{\gamma}{2},0.5\right]$ 表示单调递增、连续且映上的函数，其中 $\gamma\in(0,1)$。

证明：由定义可知，广义模糊估计量的 α 截集是

$$\widetilde{\theta}_\gamma[\beta]=[(\theta_1\circ2h)(\beta),(\theta_2\circ2h)(\beta)]$$

或者 $\widetilde{\theta}_\gamma[\beta]=[p(\beta),q(\beta)]$，如果 $x\in\widetilde{\theta}_\gamma[\beta]$，则有

$$p(\beta)\leqslant x\leqslant q(\beta)$$

因此，由 $p(\beta)\leqslant x$ 可以得出

$$\beta\leqslant p^{-1}(x)$$

类似地，对于 $x\leqslant q(\beta)$ 情况，可以得出

$$\beta\leqslant(-q)^{-1}(-x)$$

此外，由于 $\beta\leqslant1$，所以

$$\beta=\min\{p^{-1}(x),(-q)^{-1}(-x),1\}=\widetilde{\theta}_\gamma[x]\qquad\qquad\square$$

上述定理 10.1 和定理 10.2 对于所有概率分布都是成立的。下面阐述统计学中几个广泛运用的参数的特性隶属函数。

下面利用广义模糊估计量的定义，考察正态分布的均值模糊估计问题。首先，考察线性函数形式的情况，也就是

$$h(\alpha)=\left(\frac{1}{2}-\frac{\gamma}{2}\right)\alpha+\frac{\gamma}{2},\ \alpha\in(0,\ 1],\ \gamma\in(0,\ 1) \qquad (10.4)$$

命题 10.1 大样本情况下，正态分布均值的广义模糊估计量

设 $X_1,\cdots,X_n$ 是来自具有未知参数 θ 的正态分布的随机样本，并设 $x_1,\cdots,x_n$ 表示由随机样本得出的样本值，设 $\gamma\in(0,\ 1)$，如果样本量足够大，那么

$$\tilde{\mu}_\gamma(x)=\begin{cases}\dfrac{2}{1-\gamma}\varPhi\left(\dfrac{x-\bar{x}}{\dfrac{\sigma}{\sqrt{n}}}\right)-\dfrac{\gamma}{1-\gamma},\ \overline{X}-\dfrac{\sigma}{\sqrt{n}}\varPhi^{-1}\left(1-\dfrac{\gamma}{2}\right)\leqslant X\leqslant\overline{X}\\[4mm]\dfrac{2}{1-\gamma}\varPhi\left(\dfrac{x-\bar{x}}{\dfrac{\sigma}{\sqrt{n}}}\right)-\dfrac{\gamma}{1-\gamma},\ \overline{X}\leqslant X\leqslant\overline{X}+\dfrac{\sigma}{\sqrt{n}}\varPhi^{-1}\left(1-\dfrac{\gamma}{2}\right)\\[4mm]0,\qquad\qquad\qquad\qquad\qquad\text{其他情况}\end{cases}$$

$$(10.5)$$

是模糊数据的隶属函数，其支集是关于 μ 的 $(1-\alpha)100\%$ 的置信区间，而且这个模糊数据的 α 截集是闭区间

$$\tilde{\mu}_\gamma[\alpha]=\left[\bar{x}-z_{h(\alpha)}\frac{\sigma}{\sqrt{n}},\ \bar{x}+z_{h(\alpha)}\frac{\sigma}{\sqrt{n}}\right],\ \alpha\in(0,\ 1] \qquad (10.6)$$

其中 $z_{h(\alpha)}=\varPhi^{-1}(1-h(\alpha))$，$h(\alpha)=\left(\dfrac{1}{2}-\dfrac{\gamma}{2}\right)\alpha+\dfrac{\gamma}{2}$，而 $\varPhi^{-1}$ 表示标准正态分布的累计分布函数。

证明：首先考虑证明由式（10.5）给出的 α 截集存在唯一的模糊数据，并用这些 α 截集来得出模糊数据的隶属函数。

设 $q(\alpha)=\bar{x}-z_{h(\alpha)}\dfrac{\sigma}{\sqrt{n}}$，同时 $r(\alpha)=\bar{x}+z_{h(\alpha)}\dfrac{\sigma}{\sqrt{n}}$ 都是 $(0,\ 1]$ 上的函数。可以证明，$q(\alpha)\leqslant r(\alpha)$。这等价于

$$\bar{x}-z_{h(\alpha)}\frac{\sigma}{\sqrt{n}}<\bar{x}+z_{h(\alpha)}\frac{\sigma}{\sqrt{n}}\Leftrightarrow z_{h(\alpha)}>0$$

$$\Leftrightarrow\varPhi^{-1}(1-h(\alpha))>0\Leftrightarrow h(\alpha)<\frac{1}{2}$$

总是成立的。

现在，令 $\alpha_1 \geqslant \alpha_2$，可以证明 $q(\alpha)$ 是非递减函数，实际上

$$q(\alpha_1) \geqslant q(\alpha_2) \Leftrightarrow \bar{x} - z_{h(\alpha_1)} \frac{\sigma}{\sqrt{n}} \geqslant \bar{x} - z_{h(\alpha_2)} \frac{\sigma}{\sqrt{n}}$$

$$\Leftrightarrow z_{h(\alpha_1)} \leqslant z_{h(\alpha_2)} \Leftrightarrow \Phi^{-1}(1 - h(\alpha_1)) \leqslant \Phi^{-1}(1 - h(\alpha_2))$$

$$\Leftrightarrow h(\alpha_1) \geqslant h(\alpha_2)$$

这个关系式总是成立，原因在于 $h(\alpha)$ 是非递减函数。

类似地，可以证明，$r(\alpha)$ 是非递增函数。

观察发现，$q(\alpha)$ 与 $r(\alpha)$ 都是连续函数，因为它们是连续函数的复合函数。因而，依据定理 10.1，存在唯一的由式（10.5）确定的模糊数据。

最后一步，只需构建这个模糊数据的隶属度函数就可完成证明。

设 $q(\alpha) = \theta_1(2h(\alpha)) = \bar{x} - z_{h(\alpha)} \dfrac{\sigma}{\sqrt{n}}$，而且

$$r(\alpha) = \theta_2(2h(\alpha)) = \bar{x} + z_{h(\alpha)} \frac{\sigma}{\sqrt{n}}$$

都是 $[0, 1]$ 上的函数。现在求出 $q^{-1}(x)$ 与 $r^{-1}(x)$，推导过程如下：

$$\bar{x} - z_{h(\alpha)} \frac{\sigma}{\sqrt{n}} \Leftrightarrow z_{h(\alpha)} = \frac{\bar{x} - x}{\sigma / \sqrt{n}} \Leftrightarrow \Phi^{-1}(1 - h(\alpha)) = \frac{\bar{x} - x}{\sigma / \sqrt{n}}$$

$$\Leftrightarrow 1 - h(\alpha) = \Phi\left(\frac{\bar{x} - x}{\sigma / \sqrt{n}}\right) \Leftrightarrow \left(\frac{1 - \gamma}{2}\right)\alpha + \frac{\gamma}{2} = 1 - \Phi\left(\frac{\bar{x} - x}{\sigma / \sqrt{n}}\right)$$

$$\Leftrightarrow \alpha = \frac{2}{1 - \gamma}\Phi\left(\frac{\bar{x} - x}{\sigma / \sqrt{n}}\right) - \frac{2 - \gamma}{1 - \gamma} = q^{-1}(x) \qquad (10.7)$$

由于 $0 \leqslant \dfrac{2}{1 - \gamma}\Phi\left(\dfrac{\bar{x} - x}{\sigma / \sqrt{n}}\right) - \dfrac{2 - \gamma}{1 - \gamma} \leqslant 1 \Leftrightarrow 2\Phi\left(\dfrac{\bar{x} - x}{\sigma / \sqrt{n}}\right) \leqslant 3 - 2\gamma$

$1 \leqslant 2\Phi\left(\dfrac{\bar{x} - x}{\sigma / \sqrt{n}}\right) \leqslant 3 - 2\gamma$（因为 Φ^{-1} 是正态分布的累积函数）

所以

$$\frac{1}{2} \leqslant \Phi\left(\frac{\bar{x} - x}{\sigma / \sqrt{n}}\right) \leqslant \frac{3 - 2\gamma}{2}$$

$$\Leftrightarrow \Phi^{-1}\left(\frac{1}{2}\right) \leqslant \frac{\bar{x} - x}{\sigma / \sqrt{n}} \leqslant \Phi^{-1}\left(\frac{3 - 2\gamma}{2}\right)$$

$$\Leftrightarrow \frac{\sigma}{\sqrt{n}}\Phi^{-1}\left(\frac{1}{2}\right)\leqslant\bar{x}-x\leqslant\frac{\sigma}{\sqrt{n}}\Phi^{-1}\left(\frac{3-2\gamma}{2}\right)$$

$$\Leftrightarrow 0\leqslant\bar{x}-x\leqslant\frac{\sigma}{\sqrt{n}}\Phi^{-1}\left(\frac{3-2\gamma}{2}\right)$$

$$\Leftrightarrow \bar{x}-\frac{\sigma}{\sqrt{n}}\Phi^{-1}\left(\frac{3-2\gamma}{2}\right)\leqslant x\leqslant\bar{x} \tag{10.8}$$

成立，式（10.7）就成立。

类似地，可以求出

$$r^{-1}(x)=\frac{2-\gamma}{1-\gamma}+\frac{2}{1-\gamma}\Phi\left(\frac{\bar{x}-x}{\sigma/\sqrt{n}}\right) \tag{10.9}$$

只要

$$\bar{x}\leqslant x\leqslant\bar{x}+\frac{\sigma}{\sqrt{n}}\Phi^{-1}\left(1-\frac{\gamma}{2}\right) \tag{10.10}$$

成立。一旦将式（10.7）至式（10.10）组合起来，并利用定理 10.1 可以得出

$$\tilde{\mu}_\gamma(x)=\begin{cases}\dfrac{2}{1-\gamma}\Phi\left(\dfrac{x-\bar{x}}{\dfrac{\sigma}{\sqrt{n}}}\right)-\dfrac{\gamma}{1-\gamma}, & \bar{X}-\dfrac{\sigma}{\sqrt{n}}\Phi^{-1}\left(1-\dfrac{\gamma}{2}\right)\leqslant X\leqslant\bar{X}\\[4mm] \dfrac{2}{1-\gamma}\Phi\left(\dfrac{x-\bar{x}}{\dfrac{\sigma}{\sqrt{n}}}\right)-\dfrac{\gamma}{1-\gamma}, & \bar{X}\leqslant X\leqslant\bar{X}+\dfrac{\sigma}{\sqrt{n}}\Phi^{-1}\left(1-\dfrac{\gamma}{2}\right)\\[4mm] 0, & \text{其他情况}\end{cases}$$

　　如果随机样本是小样本，并且是从含有未知参数 σ 的正态分布中抽样得到的，那么第七章所给出的式（7.2）和式（7.3）中的 σ 分别由 s 代替，同时 $z_{h(\alpha)}$ 由 $t_{h(\alpha)}$ 代替，其中 $t_{h(\alpha)}=T^{-1}(1-h(\alpha))$，这里 T 表示自由度为 $v=n-1$ 的 t 分布的累计分布函数，可运用类似于证明命题 10.1 的方法来完成。

三、应用事例

　　下面，我们通过一个应用事例来介绍和讨论如何运用标准模糊估计方法和广义模糊估计方法求出关于正态分布未知均值 μ 的模糊估计。另外，分析

和阐述如何获得正态分布的未知方差的模糊估计方法和有关计算。

例 10.1　设 $X_1, \cdots, X_n$ 表示样本量 $n=10$ 的来自正态分布的观测值。设正态分布的均值是未知的，方差 $\sigma^2=16$ 是已知的，假如样本均值 $\bar{x}=40$。

下面分别运用模糊估计方法和广义模糊估计量求出正态分布的未知均值 μ 的模糊估计。

（1）运用模糊估计方法。

计算 μ 的模糊数据估计值。关于均值 μ 的模糊估计量是模糊数据 $\tilde{\mu}$，它的 α 截集由 μ 的 $(1-\beta)100\%$ 的置信区间所定义，对于所有 $\alpha_{\max} \leqslant \beta \leqslant 1$，其中 $\alpha_{\max}$ 对应于 $\tilde{\mu}$ 的最大 α 截集，因而当选取 $\alpha_{\max}=0.10$ 时，这对应于置信水平为 90% 的置信区间，那么利用前面的备选函数⑦，可以得出

$$\tilde{\mu}_\gamma[\alpha] = \begin{cases} \left[40-\Phi^{-1}\left(1-\dfrac{\alpha}{2}\right)\dfrac{4}{\sqrt{100}}, \ 40+\Phi^{-1}\left(1-\dfrac{\alpha}{2}\right)\dfrac{4}{\sqrt{100}} \right], & \alpha \in [0.1, \ 1] \\[4mm] \left[40-\Phi^{-1}\left(1-\dfrac{0.10}{2}\right)\dfrac{4}{\sqrt{100}}, \ 40+\Phi^{-1}\left(1-\dfrac{0.10}{2}\right)\dfrac{4}{\sqrt{100}} \right], & \alpha \in [0, \ 0.1] \end{cases}$$

其中 Φ^{-1} 表示标准正态分布的累积分布函数的反函数，此模糊估计量的隶属函数图形如图 10.1 所示。

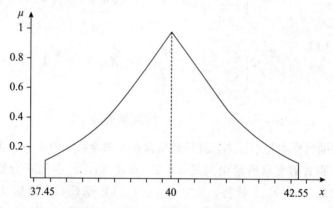

图 10.1　例 10.1 模糊估计量的隶属函数

观察发现，此模糊估计量的支集是渐近地从 $-\infty$ 到 $+\infty$，它的 α 截集正是所要估计参数的置信区间。由此可得，此估计量本质上是渐近的。

（2）运用广义模糊估计量。

计算 μ 的广义模糊估计量。为了获得均值 μ 的广义模糊估计量，首先得到这个估计量的支集，这里考察均值 μ 的置信水平为 90% 的置信区间

情况，也就是 $\gamma=0.1$。利用式（10.3）得出，$\tilde{\mu}$ 的隶属函数

$$\tilde{\mu}_{0.1}(x)=\begin{cases}\dfrac{2}{0.9}\Phi\left(\dfrac{x-40}{4/\sqrt{100}}\right)-\dfrac{0.1}{0.9}, & 40-\dfrac{4}{\sqrt{100}}\Phi^{-1}(0.95)\leqslant x\leqslant 40\\[3mm]\dfrac{2}{0.9}\left(\dfrac{x-40}{4/\sqrt{100}}\right)-\dfrac{0.1}{0.9}, & 40\leqslant x\leqslant 40+\dfrac{4}{\sqrt{100}}\Phi^{-1}(0.95)\\[3mm]0, & \text{其他情况}\end{cases}$$

$\tilde{\mu}_{\gamma}(x)$ 的 α 截集是

$$\tilde{\mu}_{\gamma}[\alpha]=\left[40-z_{\frac{0.9\times\alpha+0.1}{2}}\dfrac{4}{\sqrt{100}},\ 40+z_{\frac{0.9\times\alpha+0.1}{2}}\dfrac{4}{\sqrt{100}}\right],\ \alpha\in(0,1]$$

这个广义模糊估计量的图形如图 10.2 所述。

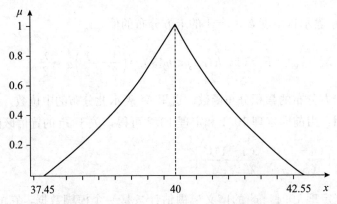

图 10.2　例 10.1 广义模糊估计量的隶属函数

第二节　正态分布方差的广义模糊估计量

现在讨论如何利用前一节给出的广义模糊估计量，估计正态分布的未知方差的模糊估计方法。下面分别讨论小样本和大样本两种不同情况。

命题 10.2　小样本情况下，正态分布方差的广义模糊估计量

设 $x_1,\cdots,x_n$ 是来自具有未知参数 σ 的正态分布的随机样本，设 $X_1,\cdots,X_n$ 表示由随机样本得出的样本值，设 $\gamma\in(0,1)$，如果随机样本是小样本，那么

$$\tilde{\sigma}_{\gamma}^{2}(x)=\begin{cases} \dfrac{2-\gamma}{1-\gamma}-\dfrac{2}{1-\gamma}F\left(\dfrac{(n-1)s^{2}}{x}\right), & \dfrac{(n-1)s^{2}}{F^{-1}\left(\dfrac{2}{1-\gamma}\right)}\leqslant x\leqslant\dfrac{(n-1)s^{2}}{M} \\[2em] \dfrac{2}{1-\gamma}F\left(\dfrac{(n-1)s^{2}}{x}\right)-\dfrac{\gamma}{1-\gamma}, & \dfrac{(n-1)s^{2}}{M}\leqslant x\leqslant\dfrac{(n-1)s^{2}}{F^{-1}\left(\dfrac{2}{1-\gamma}\right)} \\[2em] 0, & \text{其他情况} \end{cases}$$

$$(10.11)$$

是此模糊数据的隶属函数，其支集正好是关于 σ 的 $(1-\gamma)100\%$ 的置信区间，模糊数据的截集是闭区间

$$\tilde{\sigma}_{\gamma}^{2}[\alpha]=\left[\dfrac{(n-1)s^{2}}{\chi_{n-1,h(\alpha)}^{2}},\ \dfrac{(n-1)s^{2}}{\chi_{n-1,1-h(\alpha)}^{2}}\right],\quad \alpha\in(0,\ 1] \qquad (10.12)$$

其中 χ_{n-1}^{2} 表示自由度 $k=n-1$ 的卡方分布的值

$$\chi_{n-1,h(\alpha)}^{2}=F^{-1}(1-h(\alpha)),\ h(\alpha)=\left(\dfrac{1}{2}-\dfrac{\gamma}{2}\right)\alpha+\dfrac{\gamma}{2}$$

F 表示卡方分布的累积分布函数，这里 M 表示此分布的中位数。

证明： 由前面定理 10.1 和定理 10.2 可得，关于 σ^{2} 的置信区间是

$$\left[\dfrac{(n-1)s^{2}}{\chi_{n-1,\alpha/2}^{2}},\ \dfrac{(n-1)s^{2}}{\chi_{n-1,1-\alpha/2}^{2}}\right]$$

因此依据定理 10.1，σ^{2} 的广义模糊估计量是一个模糊数据，它的截集是下面的闭区间：

$$\tilde{\sigma}_{\gamma}^{2}[\alpha]=[\theta_{1}(2h(\alpha)),\theta_{2}(2h(\alpha))]=\left[\dfrac{(n-1)s^{2}}{\chi_{n-1,h(\alpha)}^{2}},\dfrac{(n-1)s^{2}}{\chi_{n-1,1-h(\alpha)}^{2}}\right],\alpha\in(0,1]$$

考察 $p(\alpha)=\theta_{1}(2h(\alpha))$ 以及 $q(\alpha)=\theta_{2}(2h(\alpha))$ 的情况

$$\tilde{\sigma}_{\gamma}^{2}[\alpha]=[p(\alpha),\ q(\alpha)]$$

计算 $p^{-1}(x)$ 与 $(-q)^{-1}(-x)$ 之后，得出

$$p^{-1}(x)=\dfrac{2-\gamma}{1-\gamma}-\dfrac{2}{1-\gamma}F\left(\dfrac{(n-1)s^{2}}{x}\right)$$

以及

$$(-q)^{-1}(-x)=\dfrac{2}{1-\gamma}F\left(\dfrac{(n-1)s^{2}}{x}\right)-\dfrac{\gamma}{1-\gamma}$$

因此，利用定理 10.2 得出

$$\tilde{\sigma}_\gamma^2(x)=\min\{p^{-1}(x),\ (-q)^{-1}(-x),\ 1\}$$

这正是所要得到的隶属函数。　　　　　　　　　　　　　　　　　　□

命题 10.3　大样本情况下，正态分布方差的广义模糊估计量

设 X_1，$\cdots$，X_n 是来自具有未知参数 σ 的正态分布的随机样本，设 X_1，$\cdots$，X_n 表示由随机样本得出的样本值，设 $\gamma\in(0,1)$，如果随机样本是大样本，那么

$$\tilde{\sigma}_\gamma^2(x)=\begin{cases}\dfrac{2-\gamma}{1-\gamma}-\dfrac{2}{1-\gamma}\Phi\left(\sqrt{\dfrac{n-1}{2}}\left(\dfrac{s^2}{x}-1\right)\right), & \dfrac{s^2}{1+\Phi^{-1}\left(1-\dfrac{\gamma}{2}\right)\sqrt{\dfrac{2}{n-1}}}\leqslant x\leqslant s^2 \\[4mm] \dfrac{2-\gamma}{1-\gamma}-\dfrac{2}{1-\gamma}\Phi\left(\sqrt{\dfrac{n-1}{2}}\left(1-\dfrac{s^2}{x}\right)\right), & s^2\leqslant x\leqslant\dfrac{s^2}{1+\Phi^{-1}\left(1-\dfrac{\gamma}{2}\right)\sqrt{\dfrac{2}{n-1}}} \\[4mm] 0, & \text{其他情况}\end{cases}$$

$$(10.13)$$

是此模糊数据的隶属函数，其支集正好是关于 σ 的 $(1-\gamma)100\%$ 的置信区间，模糊数据的截集是闭区间

$$\tilde{\sigma}_\gamma^2[\alpha]=\left[\frac{s^2}{1+z_{h(\alpha)}\sqrt{\dfrac{2}{n}-1}},\ \frac{s^2}{1-+z_{h(\alpha)}\sqrt{\dfrac{2}{n}-1}}\right],\ \alpha\in(0,1]$$

$$(10.14)$$

其中 $z_{h(\alpha)}^2=\Phi^{-1}(1-h(\alpha))$，$h(\alpha)=\left(\dfrac{1}{2}-\dfrac{\gamma}{2}\right)\alpha+\dfrac{\gamma}{2}$。$\Phi$ 表示标准正态分布的累积分布函数。

证明：证明过程类似于命题 10.1 和命题 10.2 的证明。　　　　□

第三节　指数分布方差的广义模糊估计量

这一节主要讨论广义模糊估计量在指数分布领域的应用。下面首先给出方差的广义模糊估计量的命题。

命题 10.4（指数分布方差的广义模糊估计量）　设 X_1，$\cdots$，X_n 是来自具有未知参数 λ 的指数分布的随机样本，设 X_1，$\cdots$，X_n 表示由随机样

本得出的样本值，设 $\gamma \in (0, 1)$，那么

$$\tilde{\sigma}_{\gamma}^2(x) = \begin{cases} \dfrac{1}{\dfrac{2-\gamma}{1-\gamma} - \dfrac{2}{1-\gamma}F(2nx\hat{\lambda})}, & \dfrac{2n\hat{\lambda}}{F^{-1}\left(\dfrac{\gamma}{2}\right)} \leqslant x \leqslant \dfrac{2n\hat{\lambda}}{M} \\[2ex] \dfrac{1}{\dfrac{2}{1-\gamma}F(2nx\hat{\lambda}) - \dfrac{\gamma}{1-\gamma}}, & \dfrac{2n\hat{\lambda}}{M} \leqslant x \leqslant \dfrac{2n\hat{\lambda}}{F^{-1}\left(\dfrac{2-\gamma}{2}\right)} \\[2ex] 0, & \text{其他情况} \end{cases} \tag{10.15}$$

是此模糊数据的隶属函数，其支集正好是关于 μ 的 $(1-\gamma)100\%$ 的置信区间，模糊数据的截集是闭区间

$$\tilde{\sigma}_{\gamma}^2[\alpha] = \left[\dfrac{1}{\hat{\lambda}} \dfrac{2n}{\chi_{2n,h(\alpha)}^2}, \ \dfrac{1}{\hat{\lambda}} \dfrac{2n}{\chi_{2n,1-h(\alpha)}^2} \right], \quad \alpha \in (0, 1] \tag{10.16}$$

其中 $\hat{\lambda} = 1/\bar{x}$ 是极大似然估计值，χ_{2n}^2 表示自由度 $k = 2n$ 的卡方分布的值。$\chi_{2n,h(\alpha)}^2 = F^{-1}(1 - h(\alpha))$，$h(\alpha) = \left(\dfrac{1}{2} - \dfrac{\gamma}{2}\right)\alpha + \dfrac{\gamma}{2}$，$F$ 表示卡方分布的累积分布函数，M 表示分布的中位数。

证明：证明过程类似于命题 10.1 和命题 10.2 的证明。 □

第十一章 正态分布方差已知时均值的假设检验

这一章简要回顾精确数据的统计假设检验，并且讨论正态分布方差已知时，关于均值的模糊统计假设检验问题。首先从正态分布方差已知时关于均值的统计假设检验开始，然后深入分析模糊统计假设检验的有关内容。

第一节 精确数据的统计假设检验

考察来自总体 $N(\mu, \sigma^2)$ 的一组随机样本，方差 σ^2 是已知参数，样本量是 n，随机样本的均值（或平均数）是 $\bar{x}$。现在对总体进行统计假设检验：

原假设 H_0： $\mu = \mu_0$ (11.1)

对立假设（或备择假设）H_1： $\mu \neq \mu_0$ (11.2)

上述统计假设检验是双侧检验，下面首先讨论对立假设 H_1 的双侧检验 $\mu \neq \mu_0$ 的情况，然后阐述单侧检验 $\mu > \mu_0$ 或 $\mu < \mu_0$ 的情况。

当随机样本的均值 $\bar{x}$ 是精确数据时，统计假设检验统计量是

$$z_0 = \frac{\bar{x} - \mu_0}{\sigma/\sqrt{n}} \tag{11.3}$$

统计学教科书通常用 α 表示统计假设检验的显著性水平，但本书前面

已用 α 表示模糊集的 α 截集，所以这里运用另一个符号 γ（$0<\gamma<1$）表示假设检验的显著性水平，常用的 γ 值包括 0.10，0.05 以及 0.01。

在原假设 H_0：$\mu=\mu_0$ 成立的情况下，z_0 服从正态分布 $N(0，1)$，所以统计假设检验的决策准则是：

（1）当 $z_0 \geqslant z_{\gamma/2}$ 或 $z_0 \leqslant -z_{\gamma/2}$ 时，拒绝原假设 H_0。

（2）当 $-z_{\gamma/2} < z_0 < z_{\gamma/2}$ 时，接受原假设 H_0。

在上述判断准则中，将 $\pm z_{\gamma/2}$ 称为统计假设检验的临界值，$z_{\gamma/2}$ 的含义是指正态分布 $N(0，1)$ 中大于 $z_{\gamma/2}$ 的概率是 $\gamma/2$，也就是 $P(X>z_{\gamma/2})=\gamma/2$。

第二节　模糊统计假设检验

现在阐述模糊统计假设检验方法，在第七章中，我们已经讨论了如何获得模糊估计 $\bar{\mu}$，它是三角形态模糊数据，而且 $\bar{\mu}$ 的 α 截集是：

$$\bar{\mu}[\alpha]=\left[\bar{x}-z_{\alpha/2}\sigma/\sqrt{n}，\ \bar{x}+z_{\alpha/2}\sigma/\sqrt{n}\right] \tag{11.4}$$

其中 $0.01 \leqslant \alpha \leqslant 1$。另外，当 $0 \leqslant \alpha < 0.01$ 时，模糊数据 $\bar{\mu}$ 的 α 截集是 $\bar{\mu}[0.01]$。

下面讨论模糊统计假设检验统计量的计算问题，利用区间运算与 α 截集运算，比较式（11.3）的精确数据统计假设检验的统计量，这里将统计假设检验的统计量定义为

$$\bar{Z}=\frac{\bar{\mu}-\mu_0}{\sigma/\sqrt{n}} \tag{11.5}$$

其中 $\bar{Z}$ 表示模糊数据。将式（11.4）的 $\bar{\mu}[\alpha]$ 代入式（11.5），得到下面样本量为 n 的区间运算公式

$$\bar{Z}[\alpha]=\frac{1}{\sigma/\sqrt{n}}\left[\bar{x}-\mu_0-z_{\alpha/2}\sigma/\sqrt{n}，\ \bar{x}-\mu_0+z_{\alpha/2}\sigma/\sqrt{n}\right]$$

所以

$$\bar{Z}[\alpha]=[z_0-z_{\alpha/2}，\ z_0+z_{\alpha/2}] \tag{11.6}$$

根据式（11.6），可以运用前面的知识画出模糊数据 $\bar{Z}$ 的图形。由于 $\bar{Z}$ 是模糊数据，所以其临界值也是模糊数据。这两个临界值分别是模糊数据 $\overline{CV}_1$ 与 $\overline{CV}_2$，其中 $\overline{CV}_1$ 对应于 $-z_{\gamma/2}$，而 $\overline{CV}_2$ 对应于 $z_{\gamma/2}$。设这两个临界值的 α 截集分别是 $\overline{CV}_1[\alpha]=[cv_{11}(\alpha)，\ cv_{12}(\alpha)]$ 与 $\overline{CV}_2[\alpha]=[cv_{21}(\alpha)，\ cv_{22}(\alpha)]$。

一、利用 α 截集计算 $\overline{CV}_2[\alpha]$

为了得到模糊数据 $\overline{CV}_1$ 与 $\overline{CV}_2$，一种方法是首先计算 $\overline{CV}_1[\alpha]$ 与 $\overline{CV}_2[\alpha]$，然后得出具体数据，并决定接受哪一个假设。

下面阐述计算 $\overline{CV}_1[\alpha]$ 与 $\overline{CV}_2[\alpha]$ 的原则，具体采用比较方法，即将 $\bar{z}[\alpha]$ 的左端点和 $\overline{CV}_1[\alpha]$、$\overline{CV}_2[\alpha]$ 的左端点比较，将 $\bar{z}[\alpha]$ 的右端点和 $\overline{CV}_1[\alpha]$、$\overline{CV}_2[\alpha]$ 的右端点比较。

这里首先讨论 $cv_{21}(\alpha)$ 与 $cv_{22}(\alpha)$ 的计算方法。将 $cv_{22}(\alpha)$ 定义为

$$P(z_0 + z_{\alpha/2} \geqslant cv_{22}(\alpha)) = \gamma/2 \tag{11.7}$$

进一步整理可得

$$P(z_0 \geqslant cv_{22}(\alpha) - z_{\alpha/2}) = \gamma/2 \tag{11.8}$$

注意，由于 z_0 服从正态分布 $N(0, 1)$，所以

$$cv_{22}(\alpha) - z_{\alpha/2} = z_{\gamma/2} \tag{11.9}$$

从而得出

$$cv_{22}(\alpha) = z_{\alpha/2} + z_{\gamma/2} \tag{11.10}$$

同理，将 $cv_{21}(\alpha)$ 定义为

$$P(z_0 - z_{\alpha/2} \geqslant cv_{21}(\alpha)) = \gamma/2$$

整理得到

$$cv_{21}(\alpha) = z_{\gamma/2} - z_{\alpha/2} \tag{11.11}$$

因此，$\overline{CV}_2$ 的截集 $\overline{CV}_2[\alpha]$ 是

$$\overline{CV}_2[\alpha] = [z_{\gamma/2} - z_{\alpha/2}, \ z_{\gamma/2} + z_{\alpha/2}] \tag{11.12}$$

在式（11.12）中，γ 是预先选定值，并且 $0.01 \leqslant \alpha \leqslant 1$，由于正态分布是对称分布，所以 $\overline{CV}_1 = -\overline{CV}_2$，因此

$$\overline{CV}_1[\alpha] = [-z_{\gamma/2} - z_{\alpha/2}, \ -z_{\gamma/2} + z_{\alpha/2}] \tag{11.13}$$

这里模糊数据 $\overline{CV}_1$ 和 $\overline{CV}_2$ 都是三角形态模糊数据，当精确数据统计假设检验的统计量服从正态分布或 t 分布时，鉴于正态分布和 t 分布都是对称分布，因而 $\overline{CV}_1 = -\overline{CV}_2$。若精确数据统计假设检验的统计量服从 χ^2 分布或 F 分布，则 $\overline{CV}_1 \neq \overline{CV}_2$，原因在于 χ^2 分布或 F 分布不是对称分布。

二、利用置信区间方法计算$\overline{CV_2}[\alpha]$

除了前面介绍的利用截集计算$\overline{CV_2}$的方法外，还有其他方法计算$\overline{CV_2}$。

设$0.01 \leqslant \alpha \leqslant 1$并选择$z \in \overline{Z}[\alpha]$。这样的$z$值对应于$\mu$的$(1-\alpha)100\%$的置信区间，这是精确数据的检验统计量的一个可能值。于是，对应于z值，其临界值为cv_2，并且$cv_2 \in \overline{CV_2}[\alpha]$。事实上，由于$z$贯穿$\overline{Z}[\alpha] = [z_0 - z_{\alpha/2},\ z_0 + z_{\alpha/2}]$整个区间，故其相应的临界值$cv_2$将贯穿$\overline{CV_2}[\alpha]$整个区间。

设

$$z = \tau(z_0 - z_{\alpha/2}) + (1-\tau)(z_0 + z_{\alpha/2}),\ \text{对于某个}\ \tau \in [0,\ 1]$$

于是得出

$$P(z \geqslant cv_2) = \gamma/2 \tag{11.14}$$

由$z = \tau(z_0 - z_{\alpha/2}) + (1-\tau)(z_0 + z_{\alpha/2})$，经过进一步整理得到

$$P(z_0 \geqslant cv_2 + (2\tau - 1)z_{\alpha/2}) = \gamma/2 \tag{11.15}$$

由于z_0服从正态分布$N(0,\ 1)$，所以可以得出

$$cv_2 + (2\tau - 1)z_{\alpha/2} = z_{\gamma/2} \tag{11.16}$$

将式（11.16）整理，可表示成

$$cv_2 = \tau(z_{\gamma/2} - z_{\alpha/2}) + (1-\tau)(z_{\gamma/2} + z_{\alpha/2}) \tag{11.17}$$

由式（11.17）可知，$cv_2 \in \overline{CV_2}[\alpha]$，并且$\tau \in [0,\ 1]$，所以

$$\overline{CV_2}[\alpha] = [z_{\gamma/2} - z_{\alpha/2},\ z_{\gamma/2} + z_{\alpha/2}]$$

类似地，运用同样的方法，可以求出$\overline{CV_1}[\alpha]$。

上述内容阐明了如何求出模糊统计假设检验的统计量$\overline{Z}$以及临界值$\overline{CV_1}$、$\overline{CV_2}$。

下面讨论如何进行模糊统计决策。方法是通过依次确定$\overline{Z}$与$\overline{CV_1}$、$\overline{CV_2}$的关系来进行决策。当将$\overline{Z}$与$\overline{CV_1}$比较时，通常会得到三种不同的结果，也就是$\overline{Z} < \overline{CV_1}$、$\overline{Z} > \overline{CV_1}$、$\overline{Z} \approx \overline{CV_1}$。

同样地，当将$\overline{Z}$与$\overline{CV_2}$比较时，也会得到三种不同的结果，也就是

$\overline{Z}>\overline{CV_2}$、$\overline{Z}<\overline{CV_2}$、$\overline{Z}\approx\overline{CV_2}$。因此，如果将 $\overline{Z}$ 与临界值 $\overline{CV_1}$、$\overline{CV_2}$ 进行比较，则其不同结果的组合大致概括成 9 种情况，如表 11.1 所示。

表 11.1　$\overline{Z}$ 与临界值 $\overline{CV_1}$、$\overline{CV_2}$ 的比较

		$\overline{Z}$ 与 $\overline{CV_2}$ 比较		
		$\overline{Z}>\overline{CV_2}$	$\overline{Z}<\overline{CV_2}$	$\overline{Z}\approx\overline{CV_2}$
$\overline{Z}$ 与 $\overline{CV_1}$ 比较	$\overline{Z}<\overline{CV_1}$	×	拒绝 H_0	×
	$\overline{Z}>\overline{CV_1}$	拒绝 H_0	接受 H_0	无法判断
	$\overline{Z}\approx\overline{CV_1}$	×	无法判断	无法判断

由于 $\overline{CV_1}$ 是左侧的临界值，而 $\overline{CV_2}$ 是右侧的临界值，所以在上述组合下，符号"×"表示不可能成立。

例如，比较结果显示"$\overline{Z}<\overline{CV_1}$ 且 $\overline{Z}>\overline{CV_2}$"的情况不可能成立，原因在于 $\overline{Z}<\overline{CV_1}$ 与 $\overline{Z}>\overline{CV_2}$ 不可能同时成立。因此，将上述分析结果归纳总结如下：

（1）拒绝 H_0 的模糊统计决策组合有两个：一个是 $\overline{Z}<\overline{CV_1}$ 且 $\overline{Z}<\overline{CV_2}$，另一个是 $\overline{Z}>\overline{CV_1}$ 且 $\overline{Z}>\overline{CV_2}$。

（2）接受 H_0 的模糊统计决策组合仅有一个：$\overline{Z}>\overline{CV_1}$ 且 $\overline{Z}<\overline{CV_2}$。

（3）无法做出判断的模糊统计决策组合有三个，分别是 $\overline{Z}\approx\overline{CV_1}$ 且 $\overline{Z}\approx\overline{CV_2}$，$\overline{Z}\approx\overline{CV_1}$ 且 $\overline{Z}<\overline{CV_2}$，$\overline{Z}>\overline{CV_1}$ 且 $\overline{Z}\approx\overline{CV_2}$。

于是，依据上述关于 $\overline{Z}$ 与临界值 $\overline{CV_1}$、$\overline{CV_2}$ 的比较结果，进行模糊统计决策，也就是拒绝 H_0、接受 H_0 或者无法判断。

存在一种有趣的情况，模糊统计检验的结果之所以存在无法判断的情况，原因在于两个模糊数据 $\widetilde{M}\approx\widetilde{N}$ 排序的结果具有各种各样的可能。

$\overline{Z}$ 与临界值 $\overline{CV_1}$、$\overline{CV_2}$ 都是三角形态模糊数，并且根据 $\overline{Z}$ 与临界值 $\overline{CV_1}$、$\overline{CV_2}$ 的 α 截集，可知模糊数据 $\overline{Z}$ 的核，即 $\overline{Z}=1$ 的点位于 z_0；模糊数据 $\overline{CV_1}$ 的核，即 $\overline{CV_1}=1$ 的点位于 $-z_{\gamma/2}$；模糊数据 $\overline{CV_2}$ 的核，即 $\overline{CV_2}=1$ 的点位于 $z_{\gamma/2}$。

现在利用图形可视化方式，参考本书前面关于模糊数据排序的方法，探讨 $\overline{Z}$ 与临界值 $\overline{CV_1}$、$\overline{CV_2}$ 的比较。

首先从 $\overline{Z}$ 与临界值 $\overline{CV_2}$ 的比较开始讨论，就这两个模糊数据的核的大小比较而言，其结果包括 $z_0>z_{\gamma/2}$、$z_0=z_{\gamma/2}$ 以及 $z_0<z_{\gamma/2}$ 三种不同情况。下面对三种结果分别给出说明。

（1）若 $z_0 > z_{\gamma/2}$，则表示 $\overline{Z}$ 在 $\overline{CV_2}$ 的右边，根据模糊数据排序的方法，只要判断 $\overline{Z}$ 在 $\overline{CV_2}$ 交点的高度即可，也就是 $\overline{Z}$ 的左边和 $\overline{CV_2}$ 的右边交点的高度。设此高度为 y_0，若没有交点，则设 $y_0 = 0$。利用检验水平的某适当阈值，这里选取为 0.8，则有下列结果：当 $y_0 < 0.8$ 时 $\overline{Z} > \overline{CV_2}$，当 $y_0 \geqslant 0.8$ 时 $\overline{Z} \approx \overline{CV_2}$。

（2）若 $z_0 = z_{\gamma/2}$，则有 $\overline{Z} \approx \overline{CV_2}$。若 $z_0 < z_{\gamma/2}$，则表示 $\overline{Z}$ 在 $\overline{CV_2}$ 的左边，根据模糊数排序的方法，只要判断 $\overline{Z}$ 在 $\overline{CV_2}$ 交点的高度即可，也就是 $\overline{Z}$ 的右边和 $\overline{CV_2}$ 的左边交点的高度。设此高度是 y_0，同时设 $\eta = 0.8$，则当 $y_0 < 0.8$ 时 $\overline{Z} < \overline{CV_2}$，当 $y_0 > 0.8$ 时有 $\overline{Z} \approx \overline{CV_2}$。

同理，可以将 $\overline{Z}$ 与临界值 $\overline{CV_1}$ 进行比较，然后用上述方法进行判断。因此对于上面所述的模糊统计决策方法，可归纳如下：

（1）若 $\overline{CV_2} < \overline{Z}$，由于 $\overline{CV_1}$ 在 $\overline{CV_2}$ 的左边，则必然 $\overline{CV_1} < \overline{Z}$，所以拒绝 H_0。

（2）若 $\overline{CV_1} < \overline{Z} \approx \overline{CV_2}$、$\overline{CV_1} \approx \overline{Z} < \overline{CV_2}$、$\overline{CV_1} \approx \overline{Z} \approx \overline{CV_2}$，则无法做出判断。

（3）若 $\overline{CV_1} < \overline{Z} < \overline{CV_2}$，则接受 H_0。

（4）若 $\overline{Z} < \overline{CV_1}$，由于 $\overline{CV_2}$ 位于 $\overline{CV_1}$ 的右边，则必然 $\overline{Z} < \overline{CV_2}$，所以拒绝 H_0。

例 11.1　考察来自 $N(\mu, \sigma^2)$ 的一组随机样本，已知样本量 $n = 100$，均值 $\mu_0 = 1$，标准差 $\sigma = 2$，并设显著性水平 $\gamma = 0.05$，所以 $z_{\gamma/2} = 1.96$。设随机样本的均值 $\bar{x} = 1.32$，所以

$$z_0 = \frac{\bar{x} - \mu_0}{\sigma/\sqrt{n}} = \frac{1.32 - 1}{2/\sqrt{100}} = 1.60$$

这里想要进行模糊统计假设检验，选取 $0.01 \leqslant \alpha \leqslant 1$。

首先，比较 $\overline{Z}$ 与 $\overline{CV_2}$，因为 $z_0 < z_{\gamma/2}$，所以只要判断 $\overline{Z}$ 与 $\overline{CV_2}$ 交点的高度即可，$\overline{Z}$ 的右边与 $\overline{CV_2}$ 的左边交点的高度如图 11.1 所示。

由于 $\overline{Z}$ 与 $\overline{CV_2}$ 交点的高度大于 0.8，所以可得 $\overline{Z} \approx \overline{CV_2}$。

其次，比较 $\overline{Z}$ 与 $\overline{CV_1}$，因为 $z_0 > -z_{\gamma/2}$，所以只要判断 $\overline{Z}$ 与 $\overline{CV_1}$ 交点的高度即可，$\overline{Z}$ 的左边和 $\overline{CV_1}$ 的右边交点的高度如图 11.2 所示。由于 $\overline{Z}$ 与 $\overline{CV_1}$ 交点的高度小于 0.8，所以可得 $\overline{CV_1} < \overline{Z}$。

根据 $\overline{Z}$ 与临界值 $\overline{CV_1}$、$\overline{CV_2}$ 的比较结果可得，$\overline{CV_1} < \overline{Z} \approx \overline{CV_2}$。因此，

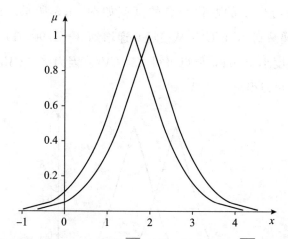

图 11.1 例 11.1 中 $\overline{Z}$ 与 $\overline{CV_2}$ 比较，$\overline{Z}$ 在左边，$\overline{CV_2}$ 在右边

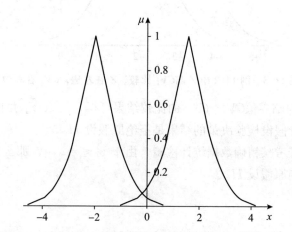

图 11.2 例 11.2 中 $\overline{Z}$ 与 $\overline{CV_1}$ 比较，$\overline{Z}$ 在右边，$\overline{CV_1}$ 在左边

模糊统计检验决策结果是无法做出判断。此外，如果对精确数据进行统计检验，由于 $-z_{\gamma/2} < z_0 < z_{\gamma/2}$，其统计决策就是接受原假设 H_0。

例 11.2（例 11.1 续） 设例 11.1 的样本均值是 $\bar{x} = 0.40$，其余内容与例 11.1 完全一样。也就是样本量 $n = 100$，均值 $\mu_0 = 1$，标准差 $\sigma = 2$。设显著性水平 $\gamma = 0.05$，所以 $z_{\gamma/2} = 1.96$。因而

$$z_0 = \frac{\bar{x} - \mu_0}{\sigma/\sqrt{n}} = \frac{0.4 - 1}{2/\sqrt{100}} = -3.0$$

现在想要进行模糊统计检验，选取 $0.01 \leqslant \alpha \leqslant 1$。

由于 $z_0 < -z_{\gamma/2}$，所以先比较 $\overline{Z}$ 与 $\overline{CV_1}$，并且判断 $\overline{Z}$ 与 $\overline{CV_1}$ 交点的高

度，$\overline{Z}$ 的右边与 $\overline{CV_1}$ 的左边交点的高度如图 11.3 所示，$\overline{Z}$ 的右侧从 $(-3.0，1)$ 递减到 0，而 $\overline{CV_1}$ 从接近 0 递增到 $(-1.96，1)$。由于 $\overline{Z}$ 与 $\overline{CV_1}$ 交点的高度小于 0.8，所以可得 $\overline{Z} < \overline{CV_1}$。因为 $\overline{Z} < \overline{CV_1}$，$\overline{Z}$ 在 $\overline{CV_1}$ 的右边，所以可以得出 $\overline{Z} < \overline{CV_2}$。

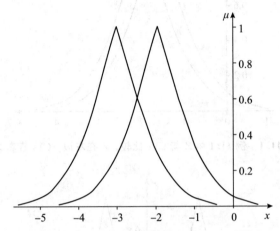

图 11.3　例 11.2 中 $\overline{Z}$ 与 $\overline{CV_1}$ 比较，$\overline{Z}$ 在左边，$\overline{CV_1}$ 在右边

根据 $\overline{Z}$ 与临界值 $\overline{CV_1}$、$\overline{CV_2}$ 的比较结果可得，$\overline{Z} < \overline{CV_1}$ 并且 $\overline{Z} < \overline{CV_2}$，所以模糊统计假设检验决策的结果是拒绝原假设 H_0。

此外，若考察精确数据统计检验，由于 $z_0 < -z_{\gamma/2}$，那么其统计检验决策也是拒绝原假设 H_0。

第三节　模糊统计假设检验单侧情况

上述所讨论的模糊统计假设检验是双侧的情况。除了双侧检验外，在实际中，还有许多需要进行单侧统计假设检验的问题。下面阐述单侧统计假设检验的情况。

考察下面的统计假设检验：

原假设 H_0：$\mu = \mu_0$　　　　　　　　　　　　　　　　　　　　(11.18)

对立假设 H_1：$\mu > \mu_0$　　　　　　　　　　　　　　　　　　　(11.19)

由于式（11.3）的 z_0 服从正态分布 $N(0，1)$，所以单侧非模糊数据统计假设检验的决策准则是：

（1）当 $z_0 \geq z_\gamma$ 时，拒绝原假设 H_0。

（2）当 $z_0 < z_\gamma$ 时，接受原假设 H_0。

模糊统计单侧假设检验方法完全类似于前面所述的模糊统计双侧假设检验的情况。这里给出的模糊统计假设检验统计量 $\bar{Z}$ 是和式（11.5）一样的，而不同的是临界值 $\overline{CV_2}$ 的核（即隶属度为 1）位于 z_γ，而且由于式（11.18）和式（11.19）是右单侧检验，所以只要比较 $\bar{Z}$ 与 $\overline{CV_2}$ 即可。因此，式（11.18）和式（11.19）的模糊统计单侧假设检验的决策方法是：

（1）当 $\bar{Z} < \overline{CV_2}$ 时，接受原假设 H_0。

（2）当 $\bar{Z} \approx \overline{CV_2}$ 时，无法做出判断。

（3）当 $\bar{Z} > \overline{CV_2}$ 时，拒绝原假设 H_0。

下面给出左单侧假设检验：

$$原假设\ H_0：\mu = \mu_0 \tag{11.20}$$
$$对立假设\ H_1：\mu < \mu_0 \tag{11.21}$$

这种模糊统计单侧假设检验方法类似于前文所述的方法。具有和式（11.5）一样的模糊统计假设检验统计量 $\bar{Z}$，而不同的是临界值 $\overline{CV_1}$ 的核位于 $-z_\gamma$，并且由于是模糊统计左单侧假设检验，所以只要比较 $\bar{Z}$ 与 $\overline{CV_1}$ 即可。因而，式（11.20）和式（11.21）的模糊统计单侧假设检验的决策方法是：

（1）当 $\bar{Z} < \overline{CV_1}$ 时，拒绝原假设 H_0。

（2）当 $\bar{Z} \approx \overline{CV_1}$ 时，无法做出判断。

（3）当 $\bar{Z} > \overline{CV_1}$ 时，接受原假设 H_0。

本书后面几章将会应用模糊统计单侧假设检验。

第十二章　正态分布方差未知时均值的
模糊假设检验

第一节　精确数据的统计假设检验
第二节　模糊统计假设检验

本章分析和讨论当正态分布方差未知时如何进行均值的模糊统计假设检验，这一问题是上一章内容的继续。首先简要回顾精确数据的统计假设检验，然后分析和讨论模糊统计假设检验问题。

第一节　精确数据的统计假设检验

考察来自 $N(\mu, \sigma^2)$ 的一组随机样本，σ^2 是未知的参数，样本量是 n，这一组随机样本的平均数是 $\bar{x}$。现在想要进行下列统计假设检验：

$$原假设 \ H_0: \mu = \mu_0 \tag{12.1}$$

$$对立假设 \ H_1: \mu \neq \mu_0 \tag{12.2}$$

上述统计假设检验是双侧检验问题。

设随机样本的均值是 $\bar{x}$，样本方差是 s^2，则此统计检验假设的检验统计量是：

$$t_0 = \frac{\bar{x} - \mu_0}{s/\sqrt{n}} \tag{12.3}$$

设 γ（$0 < \gamma < 1$）表示检验统计量的显著性水平。在原假设 $H_0: \mu = \mu_0$ 成立的情况下，t_0 服从自由度为 $n-1$ 的 t 分布，所以精确数据的统计

假设检验的判断准则是：

(1) 当 $t_0 \geqslant t_{\gamma/2}$ 或 $t_0 \leqslant -t_{\gamma/2}$ 时，拒绝原假设 H_0。

(2) 当 $-t_{\gamma/2} < t_0 < t_{\gamma/2}$ 时，接受原假设 H_0。

在上述判断准则中，$\pm t_{\gamma/2}$ 称为统计假设检验的临界值，$t_{\gamma/2}$ 的含义是自由度为 $n-1$ 的 t 分布中大于 $t_{\gamma/2}$ 的概率是 $\gamma/2$，也就是 $P(X > t_{\gamma/2}) = \gamma/2$。

第二节　模糊统计假设检验

现在开始分析和讨论模糊统计假设检验问题，有时简称模糊假设检验问题，这里是指利用模糊数据 $\bar{\mu}$ 与 $\bar{\sigma}$ 代替式（12.3）的 $\bar{x}$ 与 s，然后得到模糊假设检验统计量

$$\bar{T} = \frac{\bar{\mu} - \mu_0}{\bar{\sigma}/\sqrt{n}} \tag{12.4}$$

如果用 $\bar{\mu}$ 的 α 截集 $\bar{\mu}[\alpha]$ 代替式（12.3）中的均值 $\bar{x}$，同时用 $\bar{\sigma}$ 的 α 截集 $\bar{\sigma}[\alpha]$ 代替式（12.3）中的标准差 s，那么得出模糊假设检验统计量 $\bar{T}$ 的 α 截集 $\bar{T}[\alpha]$，也就是

$$\bar{T}[\alpha] = \frac{\bar{\mu}[\alpha] - \mu_0}{\bar{\sigma}[\alpha]/\sqrt{n}} \tag{12.5}$$

由于 $\bar{T}[\alpha]$ 的分子是

$$\bar{\mu}[\alpha] - \mu_0 = [\bar{x} - t_{\alpha/2}s/\sqrt{n} - \mu_0, \ \bar{x} + t_{\alpha/2}s/\sqrt{n} - \mu_0]$$

而分母是

$$\bar{\sigma}[\alpha]/\sqrt{n} = \left[\sqrt{\frac{n-1}{L(\lambda)}}s/\sqrt{n}, \ \sqrt{\frac{n-1}{R(\lambda)}}s/\sqrt{n}\right]$$

已知 $\bar{T}[\alpha]$ 的分母 $\bar{\sigma}[\alpha]/\sqrt{n}$ 区间内数值都是正的，同时设 $\bar{T}[\alpha]$ 的分子区间内数值也都是正的，那么利用区间运算的除法规则，可以得出

$$\bar{T}[\alpha] = [\Pi_1(t_0 - t_{\alpha/2}), \ \Pi_2(t_0 + t_{\alpha/2})] \tag{12.6}$$

其中

$$\Pi_1(t_0 - t_{\alpha/2}) = \sqrt{\frac{R(\lambda)}{n-1}} \tag{12.7}$$

$$\Pi_2(t_0+t_{\alpha/2})=\sqrt{\frac{L(\lambda)}{n-1}} \tag{12.8}$$

式（12.7）和式（12.8）的含义与第八章中式（8.8）和式（8.9）一样，在式（12.6）的推导中曾经假定 $\overline{T}[\alpha]$ 的分子区间内的数值都是正数，但是在 α 的某范围内，$\bar{\mu}[\alpha]-\mu_0=[\bar{x}-t_{\alpha/2}s/\sqrt{n}-\mu_0,\ \bar{x}+t_{\alpha/2}s/\sqrt{n}-\mu_0]$ 的区间除了是正数之外，也可能存在下列两种情况：

（ⅰ）$[\bar{x}-t_{\alpha/2}s/\sqrt{n}-\mu_0,\ \bar{x}+t_{\alpha/2}s/\sqrt{n}-\mu_0]$ 的左端点是负数，而右端点是正数。

（ⅱ）$[\bar{x}-t_{\alpha/2}s/\sqrt{n}-\mu_0,\ \bar{x}+t_{\alpha/2}s/\sqrt{n}-\mu_0]$的左端点是负数，而右端点也是负数。

回顾前面关于区间运算的加、减、乘、除的算术运算规则，需要考虑正数、负数的情况，上述（ⅰ）（ⅱ）两种情况稍后将继续讨论。

一、$\overline{T}[\alpha]$ 是正数区间的情况

这里首先阐述在

$$[\bar{x}-t_{\alpha/2}s/\sqrt{n}-\mu_0,\ \bar{x}+t_{\alpha/2}s/\sqrt{n}-\mu_0]$$

区间内是正数的情况下，如何计算模糊数据的检验统计量 $\overline{T}$ 和两个临界值$\overline{CV}_1$ 与$\overline{CV}_2$ 的问题。

注意，不管

$$\bar{\mu}[\alpha]-\mu_0=[\bar{x}-t_{\alpha/2}s/\sqrt{n}-\mu_0,\ \bar{x}+t_{\alpha/2}s/\sqrt{n}-\mu_0]$$

区间内数值是正数还是负数，其中关于 $\overline{T}$ 和两个临界值$\overline{CV}_1$ 与$\overline{CV}_2$ 的计算方法都是不变的。

$\overline{T}$ 的两个临界值分别是模糊数据$\overline{CV}_1$ 与$\overline{CV}_2$，其中$\overline{CV}_1$ 对应$-t_{\gamma/2}$，而$\overline{CV}_2$ 对应于 $t_{\gamma/2}$。设这两个模糊数据的 α 截集分别是

$$\overline{CV}_1[\alpha]=[cv_{11}(\alpha),\ cv_{12}(\alpha)]\text{与}\overline{CV}_2[\alpha]=[cv_{21}(\alpha),\ cv_{22}(\alpha)]$$

计算 $\overline{CV}_1$ 与 $\overline{CV}_2$ 的原则是：将 $\overline{T}[\alpha]$ 的左端点与 $\overline{CV}_1[\alpha]$、$\overline{CV}_2[\alpha]$ 的左端点加以比较，将 $\overline{T}[\alpha]$ 的右端点与 $\overline{CV}_1[\alpha]$、$\overline{CV}_1[\alpha]$ 的右端点加以比较。

下面讨论 $cv_{21}(\alpha)$ 和 $cv_{22}(\alpha)$ 的计算方法。首先给出 $cv_{21}(\alpha)$ 的定义，也就是

$$P(\Pi_2(t_0+t_{\gamma/2})\geqslant cv_{22}(\alpha))=\gamma/2 \tag{12.9}$$

经过整理可以得出

$$P(t_0 \geqslant cv_{22}(\alpha)/\Pi_2 - t_{\gamma/2}) = \gamma/2 \qquad (12.10)$$

由于 t_0 服从自由度为 $n-1$ 的分布，因此

$$cv_{22}(\alpha)/\Pi_2 - t_0 = t_{\gamma/2} \qquad (12.11)$$

进一步整理写成

$$cv_{22}(\alpha) = \Pi_2(t_{\gamma/2} + t_0) \qquad (12.12)$$

同理，对 $cv_{21}(\alpha)$ 定义如下：

$$P(\Pi_1(t_0 - t_{\gamma/2}) \geqslant cv_{21}(\alpha)) = \gamma/2$$

所以得出

$$cv_{21}(\alpha) = \Pi_1(t_{\gamma/2} - t_{\alpha/2}) \qquad (12.13)$$

因此，$\overline{CV_2}$ 的 α 截集 $\overline{CV_2}[\alpha]$ 是：

$$[\Pi_1(t_{\gamma/2} - t_{\alpha/2}), \ \Pi_2(t_{\gamma/2} + t_{\alpha/2})] \qquad (12.14)$$

在式（12.14）中，λ 是预先选定的固定值，并且 $0.01 < \alpha < 1$，由于 t 分布是对称的，所以 $\overline{CV_1} = -\overline{CV_2}$。因此

$$\overline{CV_1}[\alpha] = [\Pi_2(-t_{\gamma/2} - t_{\alpha/2}), \ \Pi_1(-t_{\gamma/2} + t_{\alpha/2})] \qquad (12.15)$$

　　由于模糊数据 $\overline{CV_1}[\alpha]$ 与 $\overline{CV_2}[\alpha]$ 都是三角形态的，在式（12.6）、式（12.14）以及式（12.15）中，γ 是给定的值，而 $\overline{T}[\alpha]$、$\overline{CV_1}[\alpha]$ 以及 $\overline{CV_2}[\alpha]$ 都是 α 和 λ 的函数。

　　回顾前面正态分布参数 σ^2 的模糊数据估计可知，α 是 λ 的函数，设 $\alpha = f(\lambda)$，于是依据第八章中式（8.12）和式（8.13）可以得到

$$\alpha = f(\lambda) = \int_0^{R(\lambda)} \chi^2 \mathrm{d}x + \int_{L(\lambda)}^{+\infty} \chi^2 \mathrm{d}x \qquad (12.16)$$

　　在式（12.16）中，λ 值介于 0 与 1 之间，χ^2 分布的自由度为 $n-1$。当 $\lambda = 0$ 时 $\alpha = 0.01$，当 $\lambda = 1$ 时 $\alpha = 1$。于是依据式（12.16）的函数，当 λ 的值从 0 递增到 1 时，依次获得 α 值，进而决定 $\overline{T}[\alpha]$、$\overline{CV_1}[\alpha]$ 以及 $\overline{CV_2}[\alpha]$，并且可以画出模糊数据 $\overline{T}$、$\overline{CV_1}$ 以及 $\overline{CV_2}$ 的图形。

　　注意，$\overline{T}[1] = [t_0, t_0] = t_0$，$\overline{CV_1}[\alpha] = [-t_{\gamma/2}, -t_{\gamma/2}] = -t_{\gamma/2}$，$\overline{CV_2}[\alpha] = [t_{\gamma/2}, t_{\gamma/2}] = t_{\gamma/2}$，因此 $\overline{T}$，$\overline{CV_1}$，$\overline{CV_2}$ 的核分别是 t_0，$-t_{\gamma/2}$，$t_{\gamma/2}$。

模糊统计决策的方法和前一章所述的模糊统计决策方法一样，只是要依据 $\overline{T}$、$\overline{CV}_1$ 以及 $\overline{CV}_2$ 的关系来决定。

二、$\overline{T}[\alpha]$ 是非正数区间的情况

由式（12.5）可知，可以将 $\overline{T}[\alpha]$ 分成两个区间：

$$\overline{T}[\alpha]=\frac{[a,\ b]}{[c,\ d]} \tag{12.17}$$

其中

$$a=\bar{x}-t_{\alpha/2}s/\sqrt{n}-\mu_0 \tag{12.18}$$

$$b=\bar{x}+t_{\alpha/2}s/\sqrt{n}-\mu_0 \tag{12.19}$$

$$c=\sqrt{\frac{n-1}{L(\lambda)}}s/\sqrt{n} \tag{12.20}$$

$$d=\sqrt{\frac{n-1}{R(\lambda)}}s/\sqrt{n} \tag{12.21}$$

如上所述，c，d 一定是正数，但是 a，b 在 α 的某些范围内有可能为负，$a=\bar{x}-t_{\alpha/2}s/\sqrt{n}-\mu_0$ 是负数且 $b=\bar{x}+t_{\alpha/2}s/\sqrt{n}-\mu_0$ 是正数，或者 $a=\bar{x}-t_{\alpha/2}s/\sqrt{n}-\mu_0$ 是负数且 $b=\bar{x}+t_{\alpha/2}s/\sqrt{n}-\mu_0$ 是负数。

在上述两种情况下，关于 $\overline{T}[\alpha]$、$\overline{CV}_1[\alpha]$ 以及 $CV_2[\alpha]$ 的计算可分成如下几种不同情况。

1. a 是负数且 b 是正数

在式（12.3）中，当 $t_0>0$ 时，这种情况表示 $\bar{x}-\mu_0>0$，则有 $b>0$。这时可能存在 $\alpha^*\in(0,1)$，使得当 $0.01\leqslant\alpha<\alpha^*$ 时，有 $a<0$。当 $\alpha^*<\alpha\leqslant1$ 时，有 $a>0$。

因此，运用前面给出的区间运算法则，当 $a<0$ 且 $0.01\leqslant\alpha<\alpha^*$ 时，可以得出 $\overline{T}[\alpha]$：

$$\overline{T}[\alpha]=[a,\ b]\left[\frac{1}{d},\ \frac{1}{c}\right]=\left[\frac{a}{c},\ \frac{b}{c}\right] \tag{12.22}$$

当 $a>0$ 且 $\alpha^*<\alpha\leqslant1$ 时，可以得出 $\overline{T}[\alpha]$：

$$\overline{T}[\alpha]=[a,\ b]\left[\frac{1}{d},\ \frac{1}{c}\right]=\left[\frac{a}{d},\ \frac{b}{c}\right] \tag{12.23}$$

实际上，式（12.22）和式（12.21）已经求出 $\overline{T}[\alpha]$。下面阐述模糊统计假设检验统计量的两个临界值 $\overline{CV}_1$、$\overline{CV}_2$ 的计算方法，实际上和本节前面提出的方法一样。

下面给出的例12.1，如同式（12.23）所表示的这种情况，即当 $a>0$ 时的情况。由于 $\overline{T}[\alpha]$ 的区间内的数值都是正数，所以此时模糊统计假设检验统计量的两个临界值 $\overline{CV}_1$、$\overline{CV}_2$ 的计算和本节前面提出的方法一样。

式（12.22）所表示的正是 $a<0$ 的情况。此时模糊统计假设检验统计量的两个临界值 $\overline{CV}_1$、$\overline{CV}_2$ 的计算和本节前面提出的方法一样。也就是，将 $\overline{T}[\alpha]$ 的左端点和 $\overline{CV}_1[\alpha]$、$\overline{CV}_2[\alpha]$ 的左端点加以比较，将 $\overline{T}[\alpha]$ 的右端点和 $\overline{CV}_1[\alpha]$、$\overline{CV}_2[\alpha]$ 的右端点加以比较，即可求出 $\overline{CV}_1$ 与 $\overline{CV}_2$，而且满足 $\overline{CV}_1=-\overline{CV}_2$。

2. a 是负数且 b 是负数

在式（12.3）中，当 $t_0<0$ 时，则有 $a<0$。但对于某个 α 来说，b 可能为正的，对于其他 α 来说，b 为负。因此，假设存在 $\alpha^*\in(0, 1)$，使得当 $0<\alpha^*<\alpha\leqslant1$ 时，$b<0$。否则，$b>0$。因此，运用前面给出的区间运算法则，当 $b<0$ 时，可以得出 $\overline{T}[\alpha]$：

$$\overline{T}[\alpha]=[a, \ b]\left[\frac{1}{d}, \ \frac{1}{c}\right]=\left[\frac{a}{c}, \ \frac{b}{d}\right] \tag{12.24}$$

当 $b>0$ 时，可以得出 $\overline{T}[\alpha]$：

$$\overline{T}[\alpha]=[a, \ b]\left[\frac{1}{d}, \ \frac{1}{c}\right]=\left[\frac{a}{c}, \ \frac{b}{c}\right] \tag{12.25}$$

实际上，观察发现式（12.24）和式（12.25）已经求出 $\overline{T}[\alpha]$。

下面阐述模糊统计假设检验统计量的两个临界值 $\overline{CV}_1$、$\overline{CV}_2$ 的计算方法，实际上和本节前面所提出的方法一样。也就是，将 $\overline{T}[\alpha]$ 的左端点和 $\overline{CV}_1[\alpha]$、$\overline{CV}_2[\alpha]$ 的左端点加以比较，将 $\overline{T}[\alpha]$ 的右端点和 $\overline{CV}_1[\alpha]$、$\overline{CV}_2[\alpha]$ 的右端点加以比较，即可求出 $\overline{CV}_1$ 与 $\overline{CV}_2$，而且满足 $\overline{CV}_1=-\overline{CV}_2$。

这里用式（12.3）当 $t_0<0$ 时，$a<0$ 且 $b<0$，也就是，当 $0<\alpha^*<\alpha\leqslant1$ 时为例来说明计算模糊统计假设检验统计量的两个临界值 $\overline{CV}_1$、$\overline{CV}_2$ 的方法。

依据式（12.24），可以得出 $\overline{T}[\alpha]$：

$$\overline{T}[\alpha]=\left[\Pi_1\left(t_0-t_{\frac{\alpha}{2}}\right), \ \Pi_2\left(t_0+t_{\frac{\alpha}{2}}\right)\right] \tag{12.26}$$

将 $\overline{T}[\alpha]$ 的左端点和 $\overline{CV_1}[\alpha]$ 的左端点进行比较，将 $\overline{T}[\alpha]$ 的右端点和 $\overline{CV_1}[\alpha]$ 的右端点进行比较，可以进一步得出

$$\overline{CV_1}[\alpha] = \left[\Pi_2\left(-t_{\frac{\gamma}{2}} - t_{\frac{\alpha}{2}} \right), \ \Pi_1\left(-t_{\frac{\gamma}{2}} + t_{\frac{\alpha}{2}} \right) \right] \tag{12.27}$$

由于 $\overline{CV_1} = -\overline{CV_2}$，所以

$$\overline{CV_2}[\alpha] = \left[\Pi_1\left(t_{\frac{\gamma}{2}} - t_{\frac{\alpha}{2}} \right), \ \Pi_2\left(t_{\frac{\gamma}{2}} + t_{\frac{\alpha}{2}} \right) \right] \tag{12.28}$$

下面的例题将要利用式（12.27）和式（12.28）。

例 12.1　假设有来自 $N(\mu, \sigma^2)$ 的一组随机样本，样本量 $n = 101$，均值 $\mu_0 = 1$，设显著性水平 $\gamma = 0.01$，于是自由度 100 的 $t_{\gamma/2} = 2.626$。设样本均值 $\bar{x} = 1.32$，方差是 $s^2 = 4.04$，则可以得出

$$t_0 = \frac{\bar{x} - \mu_0}{s/\sqrt{n}} = 1.60$$

为了进行模糊统计检验，选取 $0.01 \leqslant a \leqslant 1$。由于 $t_0 > 0$，所以可求出 a^*，并依据 α 的范围，利用式（12.22）和式（12.23）求出 $\overline{T}[\alpha]$。

由于 $\chi^2_{R, 0.005} = 140.169$ 且 $\chi^2_{L, 0.005} = 67.328$，所以

$$L(\lambda) = [1-\lambda]\chi^2_{R, 0.005} + \lambda(n-1) = 140.169 - 40.169\lambda$$

$$R(\lambda) = [1-\lambda]\chi^2_{L, 0.005} + \lambda(n-1) = 67.328 + 32.672\lambda$$

因此

$$\Pi_1 = \sqrt{1.401\,69 - 0.401\,69\lambda}$$

$$\Pi_2 = \sqrt{0.673\,28 + 0.326\,72\lambda}$$

应用 $\alpha = f(\lambda)$，可以画出 $\overline{T}$、$\overline{CV_1}$、$\overline{CV_2}$ 的图形，见图 12.1。

首先对 $\overline{T}$ 与 $\overline{CV_2}$ 进行比较，如图 12.1 所示。这里由于 $t_0 < t_{\gamma/2}$，所以只要判断 $\overline{T}$ 的右边和 $\overline{CV_2}$ 的左边的交点的高度。鉴于 $\overline{T}$ 与 $\overline{CV_2}$ 交点的高度 y_0 大于 0.8，二者的交点非常接近，仅仅略微高于 0.8，因此可以得出 $\overline{T} \approx \overline{CV_2}$，故无法做出判断。

其次对 $\overline{T}$ 与 $\overline{CV_1}$ 进行比较，鉴于 $\overline{T}$ 的左边一直往负方向延伸，所以只要判断 $\overline{T}$ 与 $\overline{CV_1}$ 交点的高度即可，也就是 $\overline{T}$ 的左边和 $\overline{CV_1}$ 的右边交点

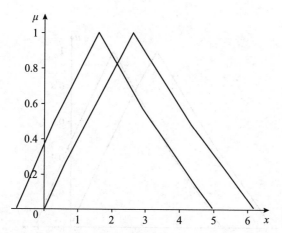

图 12.1　例 12.1 中 $\overline{T}$ 与 $\overline{CV_2}$ 比较，$\overline{T}$ 在左边，$\overline{CV_2}$ 在右边

的高度。由于 $\overline{T}$ 与 $\overline{CV_1}$ 的交点的高度小于 0.8，所以 $\overline{CV_1} < \overline{T}$。这里没有画出 $\overline{T}$ 与 $\overline{CV_1}$ 的图形。

　　鉴于 $\overline{T} \approx \overline{CV_2}$ 且 $\overline{CV_1} < \overline{T}$，所以无法做出判断。此外，假如考察精确数据的统计假设检验，由于 $-t_{\gamma/2} < t_0 < t_{\gamma/2}$，其统计判断是接受原假设 H_0。因为 $\overline{CV_1} = -\overline{CV_2}$，故很容易看出 $\overline{T}$ 与 $\overline{CV_1}$ 的关系。

　　最后结论是，无法对原假设 H_0 做出决策。但若是精确数据情况，由于 $-t_{\gamma/2} < t_0 < t_{\gamma/2}$，这时将接受原假设 H_0。

　　注意，图 12.1 中的模糊数据只有纵轴右边的图形才是正确的，原因在于图 12.1 是以 $\overline{T}[\alpha]$ 为正数区间范围画出来的。因此，图 12.1 中 $\overline{T}$ 与 $\overline{CV_2}$ 在纵轴左边的图形必须加以调整。但是，图 12.1 并不影响 $\overline{T}$ 与 $\overline{CV_2}$ 的比较结果。

　　例 12.2　假设有来自 $N(\mu, \sigma^2)$ 的一组随机样本，设样本均值 $\bar{x} = 0.74$，其余内容与例 12.1 完全一样。也就是，样本量 $n = 101$，均值 $\mu_0 = 1$，设显著性水平 $\gamma = 0.05$，于是得出

$$t_0 = \frac{\bar{x} - \mu_0}{s/\sqrt{n}} = -1.3$$

为了进行模糊统计检验，选取 $0.01 \leqslant \alpha \leqslant 1$。由于 $t_0 < 0$，现在讨论 $a < 0$ 且 $b < 0$，也就是 $0 < a^* < a \leqslant 1$ 的情况。

　　由于 $-t_{\gamma/2} < t_0$，所以首先比较 $\overline{T}$ 的左边和 $\overline{CV_1}$ 的右边交点的高度，如图 12.2 所示。由于 $\overline{T}$ 与 $\overline{CV_1}$ 的交点的高度小于 0.8，所以 $\overline{CV_1} < \overline{T}$。因此接

受原假设 H_0。

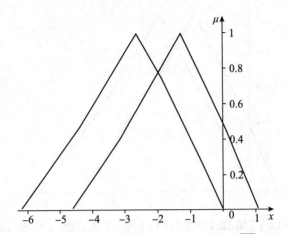

图 12.2　例 12.2 中 $\overline{T}$ 与 $\overline{CV_1}$ 比较，$\overline{T}$ 在右边，$\overline{CV_1}$ 在左边

其次，对 $\overline{T}$ 与 $\overline{CV_2}$ 进行比较。由于 $t_0 < t_{\gamma/2}$，所以判断 $\overline{T}$ 与 $\overline{CV_2}$ 的交点的高度，也就是 $\overline{T}$ 的右边和 $\overline{CV_2}$ 的左边交点的高度。鉴于 $\overline{T}$ 与 $\overline{CV_2}$ 的交点的高度小于 0.8，可得 $\overline{T} < \overline{CV_2}$。

依据 $\overline{T}$ 与临界值 $\overline{CV_1}$、$\overline{CV_2}$ 的比较结果，可得 $\overline{CV_1} < \overline{T}$ 且 $\overline{T} < \overline{CV_2}$。因此，模糊统计的决策结果是接受原假设 H_0。

如果考察精确数据统计假设检验，由于 $-t_{\gamma/2} < t_0 < t_{\gamma/2}$，故其统计决策也是接受原假设 H_0。

注意，图 12.2 中的模糊数据只有纵轴左边的图形才是正确的，原因在于图 12.2 是以 $\overline{T}[\alpha]$ 为负数区间范围画出来的。因此，在图 12.2 中，$\overline{T}$ 与 $\overline{CV_1}$ 在纵轴右边的图形必须加以调整。但是，图 12.2 并不影响 $\overline{T}$ 与 $\overline{CV_2}$ 的比较结果。

第十三章　正态分布方差的模糊假设检验

本章首先回顾当总体是正态分布时，关于方差的精确数据的统计假设检验的基本内容，在此基础上讨论总体方差的模糊数据统计假设问题。同时，我们利用两个例子阐述所提出的方法的应用。

第一节　精确数据的统计假设检验

假设有来自正态分布 $N(\mu, \sigma^2)$ 的一组随机样本，样本量是 n，其方差 σ^2 是未知的。现在想要进行下列统计假设检验：

$$\text{原假设 } H_0: \sigma^2 = \sigma_0^2 \tag{13.1}$$

$$\text{对立假设 } H_1: \sigma^2 \neq \sigma_0^2 \tag{13.2}$$

设这组随机样本计算的样本方差为 s^2，则统计假设检验的统计量是：

$$\chi_0^2 = \frac{(n-1)s^2}{\sigma_0^2} \tag{13.3}$$

在原假设 H_0 成立的条件下，式（13.3）服从自由度为 $n-1$ 的卡方分布。设 γ（$0<\gamma<1$）表示检验统计量的显著性水平。因而，精确数据统计假设检验的判断准则是：

(1) 当 $\chi_0^2 \geq \chi_{R,\gamma/2}^2$ 或 $\chi_0^2 \leq \chi_{L,\gamma/2}^2$ 时，拒绝原假设 H_0。

(2) 当 $\chi_{L,\gamma/2}^2 < \chi_0^2 < \chi_{R,\gamma/2}^2$ 时，接受原假设 H_0。

其中 $\chi_{L,\gamma/2}^2$ 表示卡方分布中此点的左边累积概率是 $\gamma/2$，而 $\chi_{R,\gamma/2}^2$ 表示卡

方分布中此点的右边累积概率是 $\gamma/2$。

第二节　模糊统计假设检验

　　现在阐述模糊数据的统计检验方法，回顾前面有关知识，已经证明了正态分布 $N(\mu, \sigma^2)$ 的参数 σ^2 的模糊数据估计是 $\bar{\sigma}^2$，而且 $\bar{\sigma}^2$ 是一个三角形态模糊数据。用第八章中式（8.10），也就是

$$\left[\frac{(n-1)s^2}{L(\lambda)}, \frac{(n-1)s^2}{R(\lambda)}\right]$$

中的 $\bar{\sigma}^2$ 的 α 截集代替式（13.3）中的 s^2，并利用区间运算和 α 截集运算，于是模糊数据的检验统计量 $\bar{\chi}^2$ 的 α 截集 $\bar{\chi}^2[\alpha]$ 是：

$$\bar{\chi}^2[\alpha]=\left[\frac{(n-1)}{L(\lambda)}\chi_0^2, \frac{(n-1)}{R(\lambda)}\chi_0^2\right] \tag{13.4}$$

其中 $L(\lambda)$ 与 $R(\lambda)$ 的定义如下

$$L(\lambda)=[1-\lambda]\chi_{R,0.005}^2+\lambda(n-1)$$
$$R(\lambda)=[1-\lambda]\chi_{L,0.005}^2+\lambda(n-1)$$

这里 α 是 λ 函数，且 $0<\lambda<1$。

　　由于模糊数据的检验统计量是模糊数据，所以其临界值也是一个模糊数据。这两个临界值分别是模糊数据 $\overline{CV}_1$ 与 $\overline{CV}_2$，确定它们的方法也类似于第十二章。$\overline{CV}_1$ 对应于 $\chi_{L,\gamma/2}^2$，而 $\overline{CV}_2$ 对应于 $\chi_{R,\gamma/2}^2$。其具体计算方法是：将 $\bar{\chi}^2[\alpha]$ 的左端点和 $\overline{CV}_1[\alpha]$、$\overline{CV}_2[\alpha]$ 的左端点比较，将 $\bar{\chi}^2[\alpha]$ 的右端点和 $\overline{CV}_1[\alpha]$、$\overline{CV}_2[\alpha]$ 的右端点比较。因此

$$\overline{CV}_1[\alpha]=\left[\frac{(n-1)s^2}{L(\lambda)}\chi_{L,\gamma/2}^2, \frac{(n-1)s^2}{R(\lambda)}\chi_{L,\gamma/2}^2\right] \tag{13.5}$$

$$\overline{CV}_2[\alpha]=\left[\frac{(n-1)s^2}{L(\lambda)}\chi_{R,\gamma/2}^2, \frac{(n-1)s^2}{R(\lambda)}\chi_{R,\gamma/2}^2\right] \tag{13.6}$$

其中 $0.01<\alpha<1$，由于卡方分布不是对称分布，所以式（13.5）和式（13.6）中，$\overline{CV}_1\neq\overline{CV}_2$。

　　求出模糊统计假设检验统计量 $\bar{\chi}^2$ 和临界值 $\overline{CV}_1$、$\overline{CV}_2$ 之后，就要依据这些信息做出模糊数据统计决策，也就是拒绝 H_0、接受 H_0 或者无法

做出决策，与第十二章所述的决策方法一样，将要依据 $\bar{\chi}^2$ 和 $\overline{CV}_1$、$\overline{CV}_2$ 的关系来决定。

例 13.1　假设有来自 $N(\mu,\sigma^2)$ 的一组随机样本，$n=101$，$\sigma_0^2=2$，$s^2=1.675$。于是，可以得出 $\chi_0^2=83.75$。设显著性水平 $\gamma=0.01$，所以 $\chi_{L,0.005}^2=67.328$，$\chi_{R,0.005}^2=140.169$，可以利用模糊数据 $\bar{\chi}^2$ 和临界值 $\overline{CV}_1$、$\overline{CV}_2$，如图 13.1 所示。

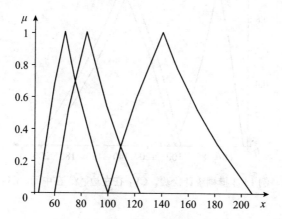

图 13.1　例 13.1 模糊统计检验，$\overline{CV}_1$ 在左边、$\bar{\chi}^2$ 在中间、$\overline{CV}_2$ 在右边

由于 $\bar{\chi}^2$ 与 $\overline{CV}_1$ 的交点的高度小于 0.8，也就是 $\bar{\chi}^2$ 的左边和 $\overline{CV}_1$ 的右边交点的高度小于 0.8，所以 $\bar{\chi}^2>\overline{CV}_1$。$\bar{\chi}^2$ 与 $\overline{CV}_2$ 的交点的高度也小于 0.8，也就是 $\bar{\chi}^2$ 的右边和 $\overline{CV}_2$ 的左边交点的高度小于 0.8，所以 $\bar{\chi}^2<\overline{CV}_2$。

依据 $\bar{\chi}^2$ 与临界值 $\overline{CV}_1$、$\overline{CV}_2$ 的比较结果，可得 $\overline{CV}_1<\bar{\chi}^2<\overline{CV}_2$。因此，模糊统计决策结果是接受原假设 H_0。

此外，如果考虑准确数据情况下的统计假设检验，由于 $\chi_{L,\gamma/2}^2<\chi_0^2<\chi_{R,\gamma/2}^2$，其统计决策也是接受原假设 H_0。

例 13.2　设例 13.1 中的 $s^2=2.675$，其余内容都与例 13.1 完全相同。也就是，$n=101$，$\sigma_0^2=2$。于是，可以得出 $\chi_0^2=133.75$，可以利用模糊数据 $\bar{\chi}^2$ 和临界值 $\overline{CV}_1$、$\overline{CV}_2$，如图 13.2 所示。

在图 13.2 中，$\overline{CV}_1$ 位于 $\bar{\chi}^2$ 的左边，而且 $\overline{CV}_2$ 位于 $\bar{\chi}^2$ 的右边。观察发现，$\bar{\chi}^2$ 与 $\overline{CV}_2$ 非常接近。

由于 $\bar{\chi}^2$ 的左边与 $\overline{CV}_1$ 的右边交点的高度小于 0.8，所以 $\bar{\chi}^2>\overline{CV}_1$。另外，由于 $\bar{\chi}^2$ 的右边与 $\overline{CV}_2$ 的左边交点的高度大于 0.8，所以 $\bar{\chi}^2\approx\overline{CV}_2$。

依据 $\bar{\chi}^2$ 与临界值 $\overline{CV}_1$、$\overline{CV}_2$ 的比较结果，可得 $\overline{CV}_1 < \bar{\chi}^2 \approx \overline{CV}_2$。因此，对模糊数据无法做出统计决策。

此外，如果考虑准确数据情况下的统计假设检验，由于 $\chi^2_{L,\gamma/2} < \chi^2_0 < \chi^2_{R,\gamma/2}$，其统计决策是接受 H_0。

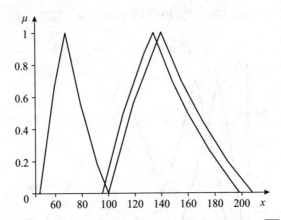

图 13.2 例 13.2 模糊统计检验，$\overline{CV}_1$ 在左边、$\bar{\chi}^2$ 在中间、$\overline{CV}_2$ 在右边

第十四章　两个总体均值之差的统计假设检验

本章首先回顾精确数据的统计假设检验的基本内容，在此基础上讨论当总体方差分别已知和未知时均值之差的模糊数据统计假设检验问题。其次，对于总体方差未知时，均值之差的模糊数据统计假设检验进一步分为大样本、小样本两种情况深入分析。最后，讨论两个样本量不相等条件下的模糊数据统计假设检验。

第一节　精确数据的统计假设检验

如同前面第九章所述的情况，考察两个正态分布总体 $N(\mu_1, \sigma_1^2)$ 与 $N(\mu_2, \sigma_2^2)$，其中参数 μ_1 是未知的而 σ_1^2 是已知的，同时参数 μ_2 是未知的而 σ_2^2 是已知的。在这些条件下，想要进行统计假设检验：

$$\text{原假设 } H_0: \mu_1 - \mu_2 = 0 \tag{14.1}$$

$$\text{对立假设 } H_1: \mu_1 - \mu_2 \neq 0 \tag{14.2}$$

考察来自 $N(\mu_1, \sigma_1^2)$ 的一组随机样本，样本量为 n_1 且样本均值为 $\bar{x}_1$，以及来自 $N(\mu_2, \sigma_2^2)$ 的一组随机样本，样本量为 n_2 且样本均值为 $\bar{x}_2$。此外，这两组随机样本是相互独立的。在原假设成立的条件下，$(\bar{x}_1 - \bar{x}_2)$ 服从均值为 $(\mu_1 - \mu_2)$ 且标准差为 $\sigma_0 = \sqrt{\sigma_1^2/n_1 + \sigma_2^2/n_2}$ 的正态分布，假设检验的统

计量是

$$z_0 = \frac{(\bar{x}_1 - \bar{x}_2) - 0}{\sigma_0} \tag{14.3}$$

在原假设成立的条件下,式(14.3)的统计量服从正态分布 $N(0, 1)$。如用 $\gamma(0 < \gamma < 1)$ 表示假设检验的显著性水平,常用的 γ 取值是 0.10,0.05,0.01。这时,假设检验的决策准则是:

(1)若 $z_0 \geqslant z_{\gamma/2}$ 或者 $z_0 \leqslant -z_{\gamma/2}$,则拒绝原假设 H_0。

(2)若 $-z_{\gamma/2} < z_0 < z_{\gamma/2}$,则接受原假设 H_0。

在上面的决策准则中,$\pm z_{\gamma/2}$ 称为假设检验的临界值,其中 $z_{\gamma/2}$ 的含义是正态分布 $N(0, 1)$ 中的 x 大于 $z_{\gamma/2}$ 的概率为 $\gamma/2$,也就是 $P(X > z_{\gamma/2}) = \gamma/2$。

第二节　方差已知时均值之差的模糊统计假设检验

现在讨论模糊数据的统计假设检验方法,在第九章分析中已经证明,均值之差 $\mu_1 - \mu_2$ 的模糊估计值为 $\bar{\mu}_{12}$,并且 $\bar{\mu}_{12}$ 是一个三角形态模糊数据。用式(9.1)中的 $\bar{\mu}_{12}$ 的 α 截集代替式(14.3)中的 $(\bar{x}_1 - \bar{x}_2)$,然后利用区间运算和截集运算,得模糊统计假设检验的统计量 $\bar{Z}$ 的 α 截集 $\bar{Z}[\alpha]$ 是:

$$\bar{Z}[\alpha] = [z_0 - z_{\alpha/2}, \ z_0 + z_{\alpha/2}] \tag{14.4}$$

我们把这些截集放在一起,得到一个三角形态模糊数。

注意,由于模糊统计检验统计量 $\bar{Z}$ 是模糊数据,所以临界值也是一个模糊数据,这两个临界值分别是 $\overline{CV}_1$、$\overline{CV}_2$,确定它们的方法类似于第十一章中给出的方法。其中 $\overline{CV}_1$ 对应于 $-z_{\gamma/2}$,而 $\overline{CV}_2$ 对应于 $z_{\gamma/2}$。其计算方法是将 $\bar{Z}[\alpha]$ 的左端点和 $\overline{CV}_1[\alpha]$、$\overline{CV}_2[\alpha]$ 的左端点进行比较,将 $\bar{Z}[\alpha]$ 的右端点和 $\overline{CV}_1[\alpha]$、$\overline{CV}_2[\alpha]$ 的右端点进行比较。因此

$$\overline{CV}_2[\alpha] = [z_{\gamma/2} - z_{\alpha/2}, \ z_{\gamma/2} + z_{\alpha/2}] \tag{14.5}$$

$$\overline{CV}_1[\alpha] = [-z_{\gamma/2} - z_{\alpha/2}, \ -z_{\gamma/2} + z_{\alpha/2}] \tag{14.6}$$

其中 $0.01 < \alpha < 1$,由于正态分布是对称分布,因此 $\overline{CV}_1 = -\overline{CV}_2$。

一旦获得模糊统计假设检验的统计量 $\bar{Z}$ 和临界值 $\overline{CV}_1$、$\overline{CV}_2$,就可以

对 $\bar{Z}$ 与 $\overline{CV}_1$ 进行比较，然后对 $\bar{Z}$ 与 $\overline{CV}_2$ 进行比较。最后，利用和第十一章一样的准则，做出统计决策，进而得出模糊统计决策，是拒绝 H_0、接受 H_0 或者无法判断。

例 14.1　考察两个正态分布总体 $N(\mu_1,\sigma_1^2)$ 与 $N(\mu_2,\sigma_2^2)$，并分别获得它们的随机样本，其中样本量 $n_1=15$，样本均值 $\bar{x}_1=70.1$，$\sigma_1^2=6$；样本量 $n_2=8$，样本均值 $\bar{x}_2=75.3$，$\sigma_2^2=4$。

设显著性水平 $\gamma=0.05$，因此 $z_{\gamma/2}=1.96$。在这些条件下，想要对两个总体均值之差进行统计假设检验，即

原假设 H_0：$\mu_1-\mu_2=0$

对立假设 H_1：$\mu_1-\mu_2\neq0$

现在计算得到，$\sigma_0=\sqrt{\sigma_1^2/n_1+\sigma_2^2/n_2}=0.948\,7$，并且 $z_0=-5.78$。

由于 $z_0<z_{\gamma/2}$，所以首先对 $\bar{Z}$ 与 $\overline{CV}_1$ 进行比较，并判断 $\bar{Z}$ 与 $\overline{CV}_1$ 交点的高度，$\bar{Z}$ 的右边和 $\overline{CV}_1$ 的左边交点的高度如图 14.1 所示。这里由于 $\bar{Z}$ 与 $\overline{CV}_1$ 交点的高度小于 0.8，因此可以得出 $\bar{Z}<\overline{CV}_1$。因为 $\bar{Z}<\overline{CV}_1$，而且 $\overline{CV}_2$ 位于 $\overline{CV}_1$ 的右边，所以很明显得出 $\bar{Z}<\overline{CV}_2$。

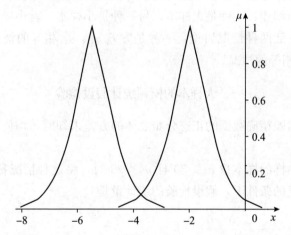

图 14.1　例 14.1 中 $\bar{Z}$ 与 $\overline{CV}_1$ 比较，$\bar{Z}$ 在左边，$\overline{CV}_1$ 在右边

根据 $\bar{Z}$ 与临界值 $\overline{CV}_1$、$\overline{CV}_2$ 的比较结果，可以得出 $\bar{Z}<\overline{CV}_1$ 且 $\bar{Z}<\overline{CV}_2$。因而，这时模糊统计假设检验的统计决策是拒绝 H_0。

另外，如果考察精确数据的统计假设检验，由于 $z_0<-z_{\gamma/2}$，其统计决策也是拒绝 H_0。

第三节　方差未知时均值之差的模糊统计假设检验

下面分析和讨论两个正态分布总体方差未知时，均值差 $\mu_1 - \mu_2$ 的统计假设检验问题。首先回顾精确数据的统计假设检验方法，然后阐述模糊数据的统计假设检验问题。

如同第九章给出的分析，考察两个正态分布总体 $N(\mu_1, \sigma_1^2)$ 与 $N(\mu_2, \sigma_2^2)$，其中参数 μ_1、σ_1^2 是未知的，参数 μ_2、σ_2^2 也是未知的。在这些条件下，想要进行统计假设检验：

$$原假设\ H_0:\mu_1-\mu_2=0 \tag{14.7}$$

$$对立假设\ H_1:\mu_1-\mu_2\neq0 \tag{14.8}$$

考察来自 $N(\mu_1, \sigma_1^2)$ 的一组随机样本，样本量为 n_1 且样本均值为 $\bar{x}_1$，方差为 s_1^2，以及来自 $N(\mu_2, \sigma_2^2)$ 的一组随机样本，样本量为 n_2 且样本均值为 $\bar{x}_2$，方差为 s_2^2。此外，这两组随机样本是相互独立的。

对于正态分布总体方差未知时均值之差的统计假设检验，这里分成两种情况分析和阐述：一种是大样本，另一种是小样本。就小样本而言，又进一步分成下面两种情况讨论：一种是方差 σ_1^2、σ_2^2 相等的情况，另一种是 σ_1^2、σ_2^2 不相等的情况。

一、大样本的模糊统计假设检验

首先，回顾精确数据的正态分布总体的方差未知时，均值之差的统计假设检验。

当随机抽样的样本量 $n_1 > 30$ 且 $n_2 > 30$ 时，将这种情况称为大样本。在原假设成立的条件下，假设检验的统计量是

$$z_0=\frac{(\bar{x}_1-\bar{x}_2)-0}{s_0} \tag{14.9}$$

其中

$$s_0=\sqrt{s_1^2/n_1+s_2^2/n_2} \tag{14.10}$$

在原假设成立的条件下，式（14.9）的统计量服从正态分布 $N(0, 1)$。用 γ（$0 < \gamma < 1$）表示统计检验的显著性水平，常用的 γ 取值是 0.10，0.05，0.01。这时，统计检验的决策准则是：

(1) 若 $z_0 \geqslant z_{\gamma/2}$ 或者 $z_0 \leqslant -z_{\gamma/2}$，则拒绝原假设 H_0。

(2) 若 $-z_{\gamma/2} < z_0 < z_{\gamma/2}$，则接受原假设 H_0。

在上面的判断准则中，将 $\pm z_{\gamma/2}$ 称为统计检验的临界值，其中 $z_{\gamma/2}$ 的含义是正态分布 $N(0,1)$ 中 x 大于 $z_{\gamma/2}$ 的概率为 $\gamma/2$，也就是 $P(X > z_{\gamma/2}) = \gamma/2$。

其次，现在开始讨论模糊数据的正态分布总体的方差未知时，均值之差的模糊统计假设检验。

对于式 (14.9) 来说，分别用模糊数据代替其中的几个量，具体方法如下：

(1) 用第九章式 (9.3) 中的 $\mu_1 - \mu_2$ 的模糊估计量代替式 (14.9) 中的 $(\bar{x}_1 - \bar{x}_2)$。

(2) 用第八章式 (8.10) 中的 σ_1^2 的模糊估计量 $\bar{\sigma}_1^2$ 代替式 (14.10) 中的 s_1^2。

(3) 用第八章式 (8.10) 中的 σ_2^2 的模糊估计量 $\bar{\sigma}_2^2$ 代替式 (14.10) 中的 s_2^2。

假定 $n_1 = n_2$，并选取给定的 γ $(0 < \gamma < 1)$，然后利用区间运算和 α 截集运算。这时的模糊统计假设检验统计量 $\bar{Z}$ 的 α 截集 $\bar{Z}[\alpha]$ 是：

$$\bar{Z}[\alpha] = \frac{[a, b]}{\sqrt{[c_1, d_1] + [c_2, d_2]}} \tag{14.11}$$

其中各个符号的含义如下：$a = (\bar{x}_1 - \bar{x}_2) - z_{a/2}s_0$；$b = (\bar{x}_1 - \bar{x}_2) + z_{a/2}s_0$；$c_1 = [(n_1 - 1)s_1^2]/[L_1(\lambda)n_1]$；$d_1 = [(n_1 - 1)s_1^2]/[R_1(\lambda)n_1]$；$c_2 = [(n_2 - 1)s_2^2]/[L_2(\lambda)n_2]$；$d_2 = [(n_2 - 1)s_2^2]/[R_2(\lambda)n_2]$。这里

$$L_1(\lambda) = [1 - \lambda]\chi_{R,0.005}^2 + \lambda(n_1 - 1) \tag{14.12}$$

$$R_1(\lambda) = [1 - \lambda]\chi_{L,0.005}^2 + \lambda(n_1 - 1) \tag{14.13}$$

其中卡方分布的自由度为 $n_1 - 1$。此外

$$L_2(\lambda) = [1 - \lambda]\chi_{R,0.005}^2 + \lambda(n_2 - 1) \tag{14.14}$$

$$R_2(\lambda) = [1 - \lambda]\chi_{L,0.005}^2 + \lambda(n_2 - 1) \tag{14.15}$$

其中卡方分布的自由度为 $n_2 - 1$。上述 $L_1(\lambda)$、$R_1(\lambda)$、$L_2(\lambda)$、$R_2(\lambda)$ 的定义如同第八章式 (8.8) 和式 (8.9)，其中 $0 \leqslant \lambda \leqslant 1$。

对于式 (14.11)，假定 $n_1 = n_2 = n$，因此 $a_1 = \int_0^{R_1(\lambda)} \chi^2 dx + \int_{L_1(\lambda)}^{+\infty} \chi^2 dx = \int_0^{R_2(\lambda)} \chi^2 dx + \int_{L_2(\lambda)}^{+\infty} \chi^2 dx = a_2$，可以得出 $a_1 = a_2 = a$，进一步推导 $\bar{Z}[\alpha]$ 有

下面的结果：

$$\overline{Z}[\alpha] = \frac{[a, b]}{\sqrt{[c_1 + c_2, d_1 + d_2]}} \tag{14.16}$$

$$= \frac{[a, b]}{[\sqrt{c_1 + c_2}, \sqrt{d_1 + d_2}]} \tag{14.17}$$

$$= \left[\frac{a}{\sqrt{[d_1 + d_2]}}, \frac{b}{\sqrt{[c_1 + c_2]}}\right] \tag{14.18}$$

式（14.17）推导至式（14.18）的前提条件是假定 $a > 0$。如果出现 $a < 0$ 且 $b > 0$，或者 $b < 0$，那么利用区间的运算法则，其结果和式（14.18）会有所不同。

对于式（14.18）来说，如果代入 a，b，c_1，c_2，d_1，d_2 的数值，由于 $a = (\bar{x}_1 - \bar{x}_2) - z_{\alpha/2} s_0$，$b = (\bar{x}_1 - \bar{x}_2) + z_{\alpha/2} s_0$，可以得到式（14.18）的进一步结果：

$$\overline{Z}[\alpha] = [\Gamma_R(\lambda)(z_0 - z_{\alpha/2}), \ \Gamma_L(\lambda)(z_0 + z_{\alpha/2})] \tag{14.19}$$

其中

$$\Gamma_R(\lambda) = \frac{s_0}{s_R(\lambda)} \tag{14.20}$$

$$\Gamma_L(\lambda) = \frac{s_0}{s_L(\lambda)} \tag{14.21}$$

$$s_R(\lambda) = \sqrt{[d_1 + d_2]} \tag{14.22}$$

$$s_L(\lambda) = \sqrt{[c_1 + c_2]} \tag{14.23}$$

在 $a > 0$ 且 $b > 0$ 的条件下，可以得出式（14.18）的模糊统计假设检验统计量 $\overline{Z}$ 的 α 截集 $\overline{Z}[\alpha]$。

现在参考第八章的式（8.8）至式（8.10），就能得到 $L_1(\lambda)$、$R_1(\lambda)$ 对应的 a_1，以及 $L_2(\lambda)$、$R_2(\lambda)$ 对应的 a_2，于是得到由下式

$$a_i = \int_0^{R_i(\lambda)} \chi^2 \mathrm{d}x + \int_{L_i(\lambda)}^{+\infty} \chi^2 \mathrm{d}x \tag{14.24}$$

给出的 $a = f(\lambda)$，其中 $i = 1, 2$。当 $i = 1$ 时，卡方分布 χ^2 的自由度是 $n_1 - 1$；当 $i = 2$ 时，卡方分布 χ^2 的自由度是 $n_2 - 1$。

但是，在 $n_1 \neq n_2$ 的条件下，对于给定的 λ 值，不能确保 $a_1 = a_2$。因

此，必须假定 $n_1 = n_2$，才能对给定的 $\lambda \in [0, 1]$，确保 $a_1 = a_2 = a$。对于 $n_1 \neq n_2$ 的情况，稍后在本章末尾进行分析。

对于 $n_1 = n_2 = n$ 的情况，设 $L_1(\lambda) = L_2(\lambda) = L(\lambda)$、$R_1(\lambda) = R_2(\lambda) = R(\lambda)$，则式（14.22）和式（14.23）中的 $s_L(\lambda) = \sqrt{(n-1)/L(\lambda)}\, s_0$，$s_R(\lambda) = \sqrt{(n-1)/R(\lambda)}\, s_0$。另外，式（14.20）和式（14.21）中的 $\Gamma_R(\lambda) = \sqrt{R(\lambda)/(n-1)}$，$\Gamma_L(\lambda) = \sqrt{L(\lambda)/(n-1)}$。因此式（14.20）进一步写成

$$\bar{Z}[\alpha] = [\Pi_1(z_0 - z_{\alpha/2}),\ \Pi_2(z_0 + z_{\alpha/2})] \tag{14.25}$$

其中

$$\Pi_1 = \sqrt{\frac{R(\lambda)}{n-1}} \tag{14.26}$$

$$\Pi_2 = \sqrt{\frac{L(\lambda)}{n-1}} \tag{14.27}$$

其中 $R(\lambda)$ 和 $L(\lambda)$ 的定义如下：

$$R(\lambda) = [1-\lambda]\chi^2_{L,0.005} + \lambda(n-1)$$
$$L(\lambda) = [1-\lambda]\chi^2_{R,0.005} + \lambda(n-1)$$

由于假定 $n_1 = n_2 = n$，同时式（14.18）中假定 $a > 0$ 且 $b > 0$，因此式（14.18）可以简化成：

$$\bar{Z}[\alpha] = \frac{[a,\ b]}{\sqrt{[c,\ d]}} = \frac{[a,\ b]}{[\sqrt{c},\ \sqrt{d}]} = [a,\ b]\left[\frac{1}{\sqrt{d}},\ \frac{1}{\sqrt{c}}\right] \tag{14.28}$$

其中，

$$c = c_1 + c_2 = \frac{[(n_1-1)s_1^2]}{[L_1(\lambda)n_1]} + \frac{[(n_2-1)s_1^2]}{[L_2(\lambda)n_2]}$$
$$d = d_1 + d_2 = \frac{[(n_1-1)s_1^2]}{[R_1(\lambda)n_1]} + \frac{[(n_2-1)s_1^2]}{[R_2(\lambda)n_2]}$$

另外

$$c = \frac{n-1}{L(\lambda)}s_0^2 \tag{14.29}$$

$$d = \frac{n-1}{R(\lambda)}s_0^2 \tag{14.30}$$

想要完成这些计算，取决于对于所有 α，是 $b > a > 0$ 还是 $a < b < 0$，或

者对于 α 的某些值，有 $a<0<b$。这些内容都在第十二章第二节中讨论过。在式（14.28）中，假定对于所有 $\alpha\in[0,1]$，$0<a<b$。于是，可以得出

$$\overline{Z}[\alpha]=\left[\frac{a}{\sqrt{d}},\ \frac{b}{\sqrt{c}}\right] \tag{14.31}$$

然而，对于 α 的某个值来说，如果 $b<0$（此时必有 $a<0$），如同下面的例子一样，那么 $\overline{Z}[\alpha]$ 可以表示成

$$\overline{Z}[\alpha]=\left[\frac{a}{\sqrt{c}},\ \frac{b}{\sqrt{d}}\right] \tag{14.32}$$

由于已经模糊统计假设检验统计量 $\overline{Z}$ 的 α 截集 $\overline{Z}[\alpha]$，可以画出 $\overline{Z}$ 的图形。由于模糊统计假设检验统计量 $\overline{Z}$ 是一个模糊数据，所以其临界值也是一个模糊数据。这两个临界值分别是模糊数据 $\overline{CV}_1$ 和 $\overline{CV}_2$，计算它们的方法类似于第十一章给出的方法。这里 $\overline{CV}_1$ 对应于 $-z_{\gamma/2}$，而 $\overline{CV}_2$ 对应于 $z_{\gamma/2}$。

$$\overline{CV}_2[\alpha]=[\Pi_1(z_{\gamma/2}-z_{\alpha/2}),\ \Pi_2(z_{\gamma/2}+z_{\alpha/2})] \tag{14.33}$$

因为正态分布是对称分布，所以 $\overline{CV}_1=-\overline{CV}_2$，进而得出

$$\overline{CV}_1[\alpha]=[\Pi_2(-z_{\gamma/2}-z_{\alpha/2}),\ \Pi_1(-z_{\gamma/2}+z_{\alpha/2})] \tag{14.34}$$

在式（14.33）和式（14.34）中，γ（$0<\gamma<1$）表示显著性水平而且是一个预先选取的定值，而 α 则可以从 0.01 变到 1。

一旦获得检验统计量 $\overline{Z}$ 和临界值 $\overline{CV}_1$、$\overline{CV}_2$，就可以做出模糊统计决策，也就是拒绝 H_0、接受 H_0 或无法决策，如同第十二章所述方法，这要依据 $\overline{Z}$ 和 $\overline{CV}_1$、$\overline{CV}_2$ 的关系来决定。

例 14.2 考察两个正态分布总体，随机抽取两个对应样本。其中第一个样本信息：$n_1=41$，$\overline{x}_1=6.701$，$s_1^2=0.108$；第二个样本信息：$n_2=41$，$\overline{x}_2=6.841$，$s_2^2=0.155$。

预先选取显著性水平 $\gamma=0.05$，于是计算得到 $z_{\gamma/2}=1.96$。另外，计算得到 $s_0=\sqrt{\dfrac{s_1^2}{n_1}+\dfrac{s_2^2}{n_2}}=0.080\,1$，同时 $z_0=-1.748$。自由度为 40 的卡方分布值，$\chi_{L,0.005}^2=20.707$，$\chi_{R,0.005}^2=66.766$。于是

$$L(\lambda)=[1-\lambda]66.766+\lambda(41-1)=66.766-26.766\lambda$$
$$R(\lambda)=[1-\lambda]20.707+\lambda(41-1)=20.707-19.293\lambda$$

因此得到

$$\Pi_1 = \sqrt{0.517\ 675 + 0.482\ 325\lambda} \tag{14.35}$$

$$\Pi_2 = \sqrt{1.669\ 15 - 0.669\ 15\lambda} \tag{14.36}$$

因为 $z_0 < 0$，所以首先比较 $\overline{T}$ 和 $\overline{CV}_1$。由于 $a = (\bar{x}_1 - \bar{x}_2) - z_{\alpha/2}s_0 = (6.701 - 6.841) - 0.080\ 1z_{\alpha/2}$，因此 $a < 0$。

另外，$b = (\bar{x}_1 - \bar{x}_2) + z_{\alpha/2}s_0 = (6.701 - 6.841) + 0.080\ 1z_{\alpha/2}$。此时，必存在一个 a^*，满足 $0 < a^* < a \leqslant 1$，并且 $b < 0$。

当 $0.01 < a^* \leqslant 1$ 时，在 $a < 0$ 且 $b < 0$ 的范围内，依据式（14.32），可以表示成：

$$\overline{Z}[\alpha] = [\Pi_2(z_0 - z_{\alpha/2}),\ \Pi_2(z_0 + z_{\alpha/2})] \tag{14.37}$$

将 $\overline{Z}[\alpha]$ 的左端点和 $\overline{CV}_1[\alpha]$ 的左端点进行比较，将 $\overline{Z}[\alpha]$ 的右端点和 $\overline{CV}_1[\alpha]$ 右端点进行比较，可以得出

$$\overline{CV}_1[\alpha] = [\Pi_2(-z_{\gamma/2} - z_{\alpha/2}),\ \Pi_2(-z_{\gamma/2} + z_{\alpha/2})] \tag{14.38}$$

由于 $\overline{CV}_2 = -\overline{CV}_1$，所以

$$\overline{CV}_2[\alpha] = [\Pi_2(z_{\gamma/2} - z_{\alpha/2}),\ \Pi_2(z_{\gamma/2} + z_{\alpha/2})] \tag{14.39}$$

式（14.38）和式（14.39）中，γ（$0 < \gamma < 1$）表示显著性水平而且是一个预先选取的定值，而 α 则是可以从 a^* 到 1 变化的，也就是 $0.01 \leqslant \alpha < a^*$。

当 $0.01 \leqslant \alpha < a^*$ 时，考察 $a < 0$ 且 $b > 0$ 的范围，有 $\overline{Z}[\alpha] = \left[\dfrac{a}{\sqrt{c}}, \dfrac{b}{\sqrt{c}}\right]$，但并不会影响到整个模糊统计检验结果。

对 $\overline{Z}$ 和 $\overline{CV}_1$ 进行比较，观察发现 $\overline{Z}$ 的左边和 $\overline{CV}_1$ 的右边交点的高度大于 0.8，所以可得 $\overline{Z} \approx \overline{CV}_1$。同理，可以得到 $\overline{Z}$ 和 $\overline{CV}_2$ 比较的结果，即 $\overline{Z} < \overline{CV}_2$。

依据 $\overline{Z}$ 和临界值 $\overline{CV}_1$、$\overline{CV}_2$ 的比较结果，可以得出 $\overline{Z} \approx \overline{CV}_1$ 且 $\overline{Z} < \overline{CV}_2$，因此模糊统计决策结果是无法决策。另外，如果运用精确数据的统计检验，由于 $-z_{\gamma/2} \leqslant z_0 < z_{\gamma/2}$，那么统计决策将是接受原假设 H_0。

注意，图 14.2 中的模糊数据只有纵轴左边的图形才是正确的，这是因为图 14.2 中的 $\overline{Z}[\alpha]$ 是考虑 $a < 0$ 且 $b > 0$ 的范围画出的图形。因此，$\overline{Z}$ 与 $\overline{CV}_1$ 在纵轴右侧的图形都必须加以调整。不过，这并不影响 $\overline{Z}$ 与 $\overline{CV}_1$

的比较结果。

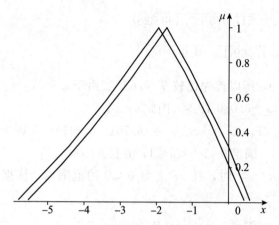

图 14.2　例 14.2 中 $\overline{Z}$ 与 $\overline{CV}_1$ 比较，$\overline{Z}$ 在右边，$\overline{CV}_1$ 在左边

例 14.3　考察两个正态分布总体，随机抽取两个对应样本。其中第一个样本信息：$n_1=61$，$\bar{x}_1=53.3$，$s_1^2=12.96$；第二个样本信息：$n_2=61$，$\bar{x}_2=51.3$，$s_2^2=20.25$。

预先选取显著性水平 $\gamma=0.05$，于是计算得到 $z_{\gamma/2}=1.96$。另外，计算得到 $s_0=\sqrt{\dfrac{s_1^2}{n_1}+\dfrac{s_2^2}{n_2}}=0.7378$，同时 $z_0=2.71$。自由度为 60 的卡方分布值为 $\chi^2_{L,0.005}=35.534$，$\chi^2_{R,0.005}=91.952$。

于是，$L(\lambda)=[1-\lambda]91.952+\lambda(61-1)=91.952-31.952\lambda$，$R(\lambda)=[1-\lambda]35.534+\lambda(61-1)=35.534+24.466\lambda$，因此得到

$$\Pi_1=\sqrt{0.5922+0.4078\lambda} \tag{14.40}$$

$$\Pi_2=\sqrt{1.5325-0.5325\lambda} \tag{14.41}$$

因为 $z_0>0$，所以首先比较 $\overline{Z}$ 和 $\overline{CV}_2$。考虑 $0.01<\alpha\leqslant1$ 的范围，由于

$$a=(\bar{x}_1-\bar{x}_2)-z_{\alpha/2}s_0=(53.3-51.3)-0.7378z_{\alpha/2}$$

所以 $a>0$。另外，由于

$$b=(\bar{x}_1-\bar{x}_2)+z_{\alpha/2}s_0=(53.3-51.3)+0.7378z_{\alpha/2}$$

因此，$b>0$。

当 $0.01<\alpha\leqslant1$ 时，考察 $a>0$ 且 $b>0$ 的范围内，依据式（14.25）或式（14.31），可以求出 $\overline{Z}[\alpha]$，然后进一步求出 $\overline{CV}_2$，得到 $\overline{Z}$ 和 $\overline{CV}_2$ 的比较结果。

对 $\overline{Z}$ 和 $\overline{CV}_1$ 进行比较，观察发现 $\overline{Z}$ 的左边和 $\overline{CV}_2$ 的右边交点的高度小于 0.8，所以可得 $\overline{CV}_2<\overline{Z}$，如图 14.3 所示。因为 $\overline{CV}_2<\overline{Z}$，故也可以得到 $\overline{CV}_1<\overline{Z}$。

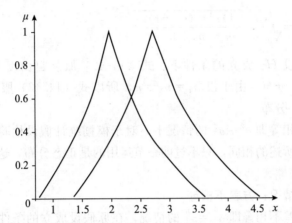

图 14.3 例 14.3 中 $\overline{Z}$ 与 $\overline{CV}_2$ 比较，$\overline{Z}$ 在右边，$\overline{CV}_2$ 在左边

依据 $\overline{Z}$ 和临界值 $\overline{CV}_1$、$\overline{CV}_2$ 的比较结果，可以得出 $\overline{Z}>\overline{CV}_1$ 且 $\overline{Z}>\overline{CV}_2$，因此模糊统计决策结果是拒绝原假设 H_0。

另外，如果运用精确数据统计假设检验，由于 $z_0>z_{\gamma/2}$，统计决策也是拒绝原假设 H_0。

二、小样本模糊统计假设检验

通常，将 $n\leqslant30$ 的情况称为小样本。本节继续前一节内容和式 (14.24) 的讨论，假定两个样本量是相同的，也就是 $n_1=n_2=n$，这样对给定的 $\lambda\in[0,1]$，能够确保 $a_1=a_2=a$。因此，本部分所述内容是针对小样本。

在小样本条件下，又进一步分成两种不同情况：一种是方差相等的情况，即 $\sigma_1^2=\sigma_2^2$；另一种是方差不相等的情况，即 $\sigma_1^2\neq\sigma_2^2$。下面对这两种情况进行分析。

第一种情况：方差相等

考察小样本情况，在原假设成立的条件下，精确数据的统计假设检验统计量是

$$t_0=\frac{(\bar{x}_1-\bar{x}_2)-0}{s_0} \tag{14.42}$$

其中 s_0 定义如下：

$$s_0 = s_p \sqrt{\frac{1}{n_1} + \frac{1}{n_2}} \qquad\qquad (14.43)$$

这里 s_p 是由下式给出的：

$$s_p = \sqrt{\frac{(n_1-1)s_1^2 + (n_2-1)s_2^2}{n_1 + n_2 + 1}} \qquad\qquad (14.44)$$

在原假设 H_0 成立的条件下，式（14.42）服从自由度为 $(n_1-1)+$ (n_2-1) 的 t 分布，由于设 $n_1 = n_2 = n$，所以式（14.42）服从自由度为 $2(n-1)$ 的 t 分布。

在方差相等即 $\sigma_1^2 = \sigma_2^2$ 的情况下，对于模糊统计假设检验方法，其原理与前一节所述的相同，只不过前一节运用的是正态分布，这里需要运用 t 分布，故省略。

第二种情况：方差不相等

考察方差不相等即 $\sigma_1^2 \neq \sigma_2^2$ 的情况，在原假设成立的条件下，精确数据的统计假设检验统计量是

$$t_0 = \frac{(\bar{x}_1 - \bar{x}_2) - 0}{s_0} \qquad\qquad (14.45)$$

其中 s_0 定义如下：

$$s_0 = s_p \sqrt{\frac{1}{n_1} + \frac{1}{n_2}}$$

而且式（14.45）的检验统计量近似服从自由度为 r 的 t 分布，有关自由度的计算参看第八章第三节。

现在讨论模糊统计检验方法。在式（14.45）中，分别用模糊数据代替其中几个量，具体方法如下：

（1）用第九章式（9.13）中 $\mu_1 - \mu_2$ 的模糊估计量 $\bar{\mu}_{12}$ 代替式（14.45）中的 $(\bar{x}_1 - \bar{x}_2)$。

（2）用第八章式（8.10）中 σ_1^2 的模糊估计量 $\bar{\sigma}_1^2$ 代替式（14.45）s_0 中的 s_1^2。

（3）用第八章式（8.10）中 σ_2^2 的模糊估计量 $\bar{\sigma}_2^2$ 代替式（14.45）s_0 中的 s_2^2。

于是，类似于前一节式（14.25）的推导，可以得到模糊统计假设检验统计量 $\bar{T}$。假定所有区间的数值是正的，这样得到模糊统计假设检验估计量 $\bar{T}$ 的截集 $\bar{T}[\alpha]$ 为：

$$\overline{T}[\alpha] = [\Pi_1(t_0 - t_{\frac{\alpha}{2}}), \; \Pi_2(t_0 + t_{\frac{\alpha}{2}})] \qquad (14.46)$$

其中 t 分布的自由度是 r。而临界值 $\overline{CV}_2$ 的 α 截集 $\overline{CV}_2[\alpha]$ 为：

$$\overline{CV}_2[\alpha] = [\Pi_1(t_{\gamma/2} - t_{\alpha/2}), \; \Pi_2(t_{\gamma/2} + t_{\alpha/2})] \qquad (14.47)$$

由于 t 分布是对称的，所以 $\overline{CV}_1 = -\overline{CV}_2$，从而临界值 $\overline{CV}_1$ 的 α 截集 $\overline{CV}_1[\alpha]$ 为：

$$\overline{CV}_1[\alpha] = [\Pi_1(t_{\gamma/2} - t_{\alpha/2}), \; \Pi_2(t_{\gamma/2} + t_{\alpha/2})] \qquad (14.48)$$

在式（14.47）和式（14.48）中，γ（$0 < \gamma < 1$）表示显著性水平，是预先选取的值，不过 α 的值则是从 0.01 变化到 1，即 $0.01 \leqslant \alpha \leqslant 1$。

例 14.4　考察两个正态分布，除了 $n_1 = n_2 = 21$，其余数据和前面例 14.3 相同。具体而言，第一个样本信息：$n_1 = 21$，$\bar{x}_1 = 53.3$，$s_1^2 = 12.96$；第二个样本信息：$n_2 = 21$，$\bar{x}_2 = 51.3$，$s_2^2 = 20.25$。预先选取显著性水平 $\gamma = 0.05$，于是计算得到 $s_0 = \sqrt{\dfrac{s_1^2}{n_1} + \dfrac{s_2^2}{n_2}} = 1.257\,5$，同时 $t_0 = 1.590\,5$。

这是小样本情况，观察发现两个样本的方差不相等。因此，如同例 14.3，得到

$$\Pi_1 = \sqrt{0.371\,7 + 0.628\,3\lambda} \qquad (14.49)$$

$$\Pi_2 = \sqrt{1.999\,8 - 0.999\,8\lambda} \qquad (14.50)$$

依据第九章中的式（9.10），式（14.45）中 t 分布的自由度是 39，所以 $t_{\gamma/2} = 2.022$。由于 $t_0 > 0$，首先比较 $\overline{Z}$ 与 $\overline{CV}_2$。依据式（14.46）计算 $\overline{T}$，并且依据式（14.47）计算 $\overline{CV}_2$。

比较 $\overline{Z}$ 和 $\overline{CV}_2$，观察发现 $\overline{T}$ 的右边和 $\overline{CV}_2$ 的左边交点的高度大于 0.8，所以可得 $\overline{CV}_2 \approx \overline{T}$。此外，很明显，$\overline{CV}_1 < \overline{T}$，如图 14.4 所示。

依据 $\overline{T}$ 和临界值 $\overline{CV}_1$、$\overline{CV}_2$ 的比较结果，可以得出 $\overline{CV}_2 \approx \overline{T}$ 且 $\overline{CV}_1 < \overline{T}$，因此模糊统计决策结果是无法决策。

另外，如果运用精确数据的统计假设检验，那么统计决策将是拒绝原假设 H_0。

注意，图 14.4 中的模糊数据只有纵轴右边的图形才是正确的，这是因为图 14.4 中的 $\overline{T}[\alpha]$ 是以区间内的数值为正数画出来的。因此，$\overline{T}$ 与 $\overline{CV}_2$ 在纵轴左侧的图形都必须加以调整。不过，这并不影响 $\overline{T}$ 与 $\overline{CV}_2$ 的比较结果。

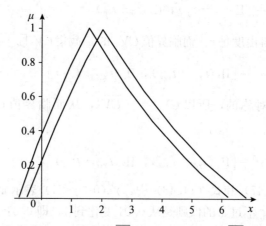

图 14.4　例 14.4 中 $\overline{T}$ 与 $\overline{CV_2}$ 比较，$\overline{T}$ 在左边，$\overline{CV_2}$ 在右边

第四节　两个样本量不相等的情况

　　下面考察两个样本量不相等的情况，也就是 $n_1 \neq n_2$ 时模糊统计假设检验方法。这里分成两种不同的情况加以讨论：一种是大样本情况，另一种是小样本情况。

　　首先，讨论前面第三节中大样本且 $n_1 \neq n_2$ 的情况。利用式（8.10）及其变形可以获得：

　　（1）关于 σ_1^2 的 $(1-\alpha_1)100\%$ 的置信区间；

　　（2）关于 σ_2^2 的 $(1-\alpha_2)100\%$ 的置信区间。

但是这时需要关于 $\mu_1-\mu_2$ 的 $(1-\alpha)100\%$ 的置信区间。考虑一种折中的解决方案，设

$$\alpha = \frac{\alpha_1+\alpha_2}{2} \tag{14.51}$$

假定区间都是正的，在大样本条件下，如同式（14.19）一样可以定义

$$\overline{CV_2}[\alpha] = [\Gamma_R(\lambda)(z_{\gamma/2}-z_{\alpha/2}),\ \Gamma_L(\lambda)(z_{\gamma/2}+z_{\alpha/2})] \tag{14.52}$$

由于 t 分布是对称的，所以 $\overline{CV_2}[\alpha] = -\overline{CV_1}[\alpha]$。

　　然后，讨论前一节中关于小样本、方差相等且 $n_1 \neq n_2$ 的情况。由前面的讨论可知，精确数据的统计假设检验的统计量是：

$$t_0 = \frac{\bar{x}_1 - \bar{x}_2}{s^*} \tag{14.53}$$

其中 s^* 的定义如下：

$$s^* = s_p \sqrt{\frac{1}{n_1} + \frac{1}{n_2}}$$

现在开始讨论小样本且 $n_1 \neq n_2$ 的模糊统计检验方法。在式（14.53），分别用模糊数据代替其中几个量，具体方法如下：

（1）用第九章式（9.7）中 $\mu_1 - \mu_2$ 的模糊估计量 $\bar{\mu}_{12}$ 代替式（14.53）中的 $(\bar{x}_1 - \bar{x}_2)$。

（2）用第八章式（8.10）中 σ_1^2 的模糊估计量 $\bar{\sigma}_1^2$ 代替式（14.53）s^* 中的 s_1^2。

（3）用第八章式（8.10）中 σ_2^2 的模糊估计量 $\bar{\sigma}_2^2$ 代替式（14.53）s^* 中的 s_2^2。

于是，可以得到模糊统计假设检验统计量 $\bar{T}$。假定所有区间的数值都是正的，这样得到模糊统计假设检验估计量 $\bar{T}$ 的截集 $\bar{T}[\alpha]$ 为

$$\bar{T}[\alpha] = [\Upsilon_R(\lambda)(t_0 - t_{\beta/2}), \ \Upsilon_L(\lambda)(t_0 + t_{\beta/2})] \tag{14.54}$$

其中

$$\Upsilon_R(\lambda) = \frac{s_p}{s_R(\lambda)} \tag{14.55}$$

$$\Upsilon_L(\lambda) = \frac{s_p}{s_L(\lambda)} \tag{14.56}$$

$$s_R(\lambda) = \sqrt{s_{R1}(\lambda) + s_{R2}(\lambda)} \tag{14.57}$$

$$s_L(\lambda) = \sqrt{s_{L1}(\lambda) + s_{L2}(\lambda)} \tag{14.58}$$

$$s_{R1}(\lambda) = \frac{(n_1 - 1)^2 s_1^2}{R_1(\lambda)(n_1 + n_2 - 2)} \tag{14.59}$$

$$s_{R2}(\lambda) = \frac{(n_2 - 1)^2 s_2^2}{R_2(\lambda)(n_1 + n_2 - 2)} \tag{14.60}$$

$$s_{L1}(\lambda) = \frac{(n_1 - 1)^2 s_1^2}{L_1(\lambda)(n_1 + n_2 - 2)} \tag{14.61}$$

$$s_{L2}(\lambda) = \frac{(n_2 - 1)^2 s_2^2}{L_2(\lambda)(n_1 + n_2 - 2)} \tag{14.62}$$

其中 $L_1(\lambda)$、$L_2(\lambda)$、$R_1(\lambda)$、$R_2(\lambda)$ 已经在本章第三节给出了定义。

利用 $\alpha=(\alpha_1+\alpha_2)/2$ 可以画出模糊数据 $\overline{T}[\alpha]$ 的图形。临界值 $\overline{CV_2}$ 的 α 截集 $\overline{CV_2}[\alpha]$ 为

$$\overline{CV_2}[\alpha]=[\Upsilon_R(\lambda)(t_{\gamma/2}-t_{\alpha/2}),\ \Upsilon_L(t_{\gamma/2}+t_{\alpha/2})] \tag{14.63}$$

由于 t 分布是对称的，所以可以画出 $\overline{T}$、$\overline{CV_1}$、$\overline{CV_2}$ 的图形，然后对它们加以比较。

最后，讨论前面关于小样本、方差不相等且 $n_1 \neq n_2$ 的情况。这种情况下模糊统计假设检验统计量 $\overline{T}$ 和临界值 $\overline{CV_1}$、$\overline{CV_2}$ 的计算与小样本、方差相等且 $n_1 \neq n_2$ 的情况类似，只是分布的自由度为 r。对于 $n_1 \neq n_2$，这里不做进一步分析和讨论。

第十五章 模糊 p 值检验法

在经典检验假设中，统计假设是清晰的。例如，当要检验两个总体的均值之差时，普通的原假设规定两个总体均值之差恰好等于零。然而，有时需要检验两个均值是否近似相等。通常的统计检验假设不适用于检验这种模糊假设。

在扎德（1965）提出模糊集理论之后，有研究者尝试使用模糊集理论来分析这种情况的假设检验问题。

统计假设检验对于实际应用问题的决策来说是非常重要的。通常，基本数据被假定为精确的数字，但是一般来说，考虑非精确数据的模糊值更加现实。在这种情况下，检验统计量也会产生一个非精确数据或者模糊数据。

本章提出和分析一种基于模糊数值的统计检验方法，即引入模糊 p 值。可以证明，在由模糊 p 值的特征函数所确定的某个区间之外，也可以做出明确决策。

第一节 假设检验的 p 值法

在统计学中，可以将假设检验问题看成一个决策问题，这里必须对两个命题的真实性做出决定，即原假设 H_0 和对立假设 H_1。对于精确数据，决策规则是利用所考察的随机变量 X 的随机样本 $x_1, \cdots, x_n$，其分布 $P_\theta(\theta \in \Theta)$ 至少部分是未知的。

　　为了推断和估计未知参数，研究者通常依据有关问题的背景和统计理论来构建一个检验统计量 $g(x_1, \cdots, x_n)$，它是观测值 $x_1, \cdots, x_n$ 的函数。根据模型 P_θ，假定数据是由 X 的随机样本 $X_1, \cdots, X_n$ 生成的，根据检验统计量

$$T = (X_1, \cdots, X_n)$$

计算出相应的数值，得到一个具体值 $t = g(x_1, \cdots, x_n)$，和某个选定的显著性水平下的临界值进行比较后再做决策。

　　通常，研究者考察的统计假设检验问题存在两个决策域，也就是某个假设被拒绝的区域或者没有被拒绝的区域。在这种情况下，检验统计量 T 的可能值的空间被分解为一个拒绝域 R 和它的补集 $R^c = A$，即接受域 A。根据原假设 H_0 和对立假设 H_1，拒绝域 R 的形式为：

$$(a) T \leqslant t_l$$
$$(b) T \geqslant t_u$$
$$(c) T \notin (t_a, t_b) \tag{15.1}$$

其中 t_l、t_u 或者 t_a 与 t_b 是 t 分布的某个值，使得在原假设 H_0 成立下发生错误的概率是

$$(a) P(T \leqslant t_l) = \alpha$$
$$(b) P(T \geqslant t_u) = \alpha$$
$$(c) P(T \leqslant t_2) = P(T \geqslant t_b) = \alpha/2 \tag{15.2}$$

其中 α 表示当原假设 H_0 为真时拒绝 H_0 的概率，它也被称为检验的显著性水平。

　　这里情况（a）与（b）对应单侧检验，而（c）对应双侧检验。如果 $t = g(x_1, \cdots, x_n)$ 值落入拒绝域 R，则原假设 H_0 被拒绝，因此 H_1 被接受。

　　一种等价的检验方法是计算上述（a）（b）（c）各自情况给出的相应 p 值。具体定义如下：

$$(a) p = P(T \leqslant t)$$
$$(b) p = P(T \geqslant t)$$
$$(c) p = 2\min[P(T \leqslant t), P(T \geqslant t)] \tag{15.3}$$

如果 p 值小于 α，则原假设 H_0 在显著性水平 α 上被拒绝，否则原假设 H_0 不能被拒绝。

　　进一步地，研究者还可以深入考察其他情况，形成三个决策的统计检

验问题，也就是下面的情景：

- 接受原假设 H_0，拒绝对立假设 H_1；
- 拒绝原假设 H_0，接受对立假设 H_1；
- 原假设 H_0 和 H_1 都不被接受或拒绝。

统计学家奈曼和皮尔逊（Neyman and Pearson，1933）曾经指出制定三个决策的统计检验问题的必要性。

一个典型例子是考察新药物的疗效：接受新药物治疗、拒绝新药物治疗或者有待进一步研究。在这里，我们区分接受域 A、拒绝域 R，还有既不接受也不拒绝的区域 N。

第二节 模糊 p 值法

下面考察某个实际问题，想要检验某个总体均值是否等于特定的值。假定从总体中随机抽取 n 个模糊数据 x_1^*，…，x_n^* 用于统计假设检验。根据前面所述的内容，检验统计量的模糊值 $t^* = g(x_1^*，…，x_n^*)$ 也是模糊数据，t^* 的模糊性由其隶属函数 $\eta(\cdot)$ 表示。这意味着，上述通常的决策规则已经不再适用，其原因在于遇到了以前不曾涉及的模糊数据。这个问题可利用 p 值的概念来解决。

设 $\text{supp}(\eta(\cdot))$ 表示隶属函数 $\eta(\cdot)$ 的支集，定义 $\text{supp}(\eta(\cdot)) \equiv \{x \in \mathbb{R}：\eta(x) > 0\}$。在实际应用中，$\eta(\cdot)$ 的支集通常是有限的。

根据上一节的情况（a）和（b），考察统计检验的单侧情况。这里首先定义检验统计量的模糊数据的 p 值概念。

定义 15.1 设某个模糊数据有隶属函数 $\eta(\cdot)$，将检验统计量的模糊数据 t^* 的 p 值定义为

$$（a）p = P(T \leqslant t = \text{maxsupp}(\eta(\cdot)))$$
$$（b）p = P(T \geqslant t = \text{minsupp}(\eta(\cdot))) \tag{15.4}$$

其中 p 值是一个精确数值。

对于统计检验的双侧情况可以类似给出定义。下面举一个例子，阐明如何运用这个定义进行计算。

例 15.1 考察检验统计量 t 服从标准正态分布的典型情况。假定模糊数据 t^* 的检验统计量是一个中心为 0.7 的对称三角函数。选择这个相当理论化的隶属函数的例子，只是为了说明问题。

研究原假设 $H_0: \theta \leqslant \theta_0$ 与 $H_1: \theta > \theta_0$ 的统计检验问题，其中 θ 表示未知参数，θ_0 是某个固定值，比如这里设 $\theta_0 = 0$。

可以看出，这是统计检验的单侧情况，必须应用上一节中的定义（b），p 值可借助于可视化图形来认识，如图 15.1 的阴影区域所示，同时给出了密度函数 $f(x)$ 和隶属函数 $\eta(\cdot)$。

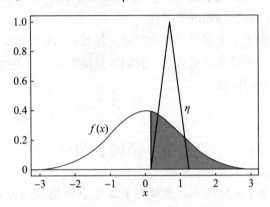

图 15.1　例 15.1 中 p 值隶属函数

于是，可以将所得的 p 值与预先选取的显著性水平 α（例如 $\alpha = 0.05$）进行比较，得出在显著性水平 $\alpha = 0.05$ 下原假设 H_0 不能被拒绝的结论。

实际上，前面关于检验统计量的模糊数据 p 值的定义式（15.4）存在某些缺点。

从某种意义上讲，获得模糊数据的 p 值更为合理，这是因为模糊数据的 p 值将比精确数值的 p 值包含更多信息。为此，对上述定义进行改进，并用 p^* 表示模糊 p 值。

由于 t^* 的隶属函数是 $\eta(\cdot)$，所以它的 δ 截集都是闭的、有限区间 $[t_1(\delta), t_2(\delta)]$，其中 $\delta \in (0, 1]$。注意，为了避免本节符号混淆，采用 δ 截集代替 α 截集。

下面利用这些区间来定义 p^* 所对应的模糊区间。

定义 15.2　对于假设检验的单侧情况，根据前一节所阐述的（a）与（b），分别将检验统计量的模糊数据 t^* 的 p^* 定义为

$$C_\delta(p^*) = [P(T \leqslant t_1(\delta)), \ P(T \leqslant t_2(\delta))], \ \delta \in (0, 1] \quad (15.5)$$

或者

$$C_\delta(p^*) = [P(T \geqslant t_2(\delta)), \ P(T \geqslant t_1(\delta))], \ \delta \in (0, 1] \quad (15.6)$$

这是 p^* 的对应模糊区间。

另外，对于假设检验的双侧情况，首先必须决定检验统计量分布的中位数 m 处于 t^* 的大部分模糊数据位置的哪一侧。因此，需要计算 t^* 的隶属函数 $\eta(\cdot)$ 下 m 的左侧面积与 m 的右侧面积，分别用 A_l 和 A_r 表示，并定义 $\delta \in (0, 1]$ 的统计检验双侧的 p^* 的模糊区间是

$$C_\delta(p^*) = \begin{cases} [2P(T \leqslant t_1(\delta)), \ \min[1, \ 2P(T \leqslant t_2(\delta))]], & A_l > A_r \\ [2P(T \geqslant t_2(\delta)), \ \min[1, \ 2P(T \geqslant t_1(\delta))]], & A_l \leqslant A_r \end{cases}$$

于是，对上述分析内容概括总结成下面的定义。

定义 15.3 对于假设检验的双侧情况，根据 t^* 的隶属函数 $\eta(\cdot)$ 下 m 的左侧面积与 m 的右侧面积，将 $\delta \in (0, 1]$ 假设检验双侧的 p^* 的模糊区间定义为：

$$C_\delta(p^*) = \begin{cases} [2P(T \leqslant t_1(\delta)), \ \min[1, \ 2P(T \leqslant t_2(\delta))]], & A_l > A_r \\ [2P(T \geqslant t_2(\delta)), \ \min[1, \ 2P(T \geqslant t_1(\delta))]], & A_l \leqslant A_r \end{cases}$$

$$(15.7)$$

对于所有 $\delta \in (0, 1]$。

命题 15.1 考察基于模糊数据的统计检验问题，前面式（15.5）、式（15.6）、式（15.7）所定义的区间 $C_\delta(p^*)$ 是对应于 p^* 的隶属函数 $\xi(\cdot)$ 的 δ 截集。

证明：必须证明某个模糊量是模糊数据，那么它的隶属函数具有三个性质，即满足定义 3.9。

性质（ⅰ）和（ⅱ）是根据 t^* 的 $\eta(\cdot)$ 是隶属函数的事实而得出的。由于定义 δ 截集的区间的概率被限制在 $[0, 1]$，于是得到对于所有 $\delta \in (0, 1]$，δ 截集 $C_\delta(p^*)$ 是闭的、有限区间 $[p_1(\delta), \ p_2(\delta)]$，这证明了性质（ⅲ）。

注意，对于所有 $\delta \in (0, 1]$，$p_1(\delta) \geqslant 0$ 和 $p_2(\delta) < 1$。因此，p^* 的 δ 截集可用概率来解释，并与统计检验的显著性水平 α 进行比较。因此，统计决策是根据三个不同决策区域做出的，也就是如果对于所有 $\delta \in (0, 1]$，并且 $p_1(\delta) \leqslant p_2(\delta)$，可以分成三种不同的情况：

(1) 当 $p_2(\delta) < \alpha$ 时，拒绝原假设 H_0，接受 H_1；

(2) 当 $p_1(\delta) > \alpha$ 时，接受原假设 H_0，拒绝 H_1；

(3) 当 $\alpha \in [p_1(\delta), p_2(\delta)]$ 时，原假设 H_0 与 H_1 两者要么都被接受，要么都被拒绝。

在第三种情况下，做出统计决策的不确定性用 p^* 的隶属函数 $\xi(\cdot)$ 表示。

对于所有 $\delta \in (0, 1]$，就 $t_1(\delta) = t_2(\delta)$ 的情况而言，这蕴含着 $p_1(\delta) =$

$p_2(\delta)$。在此情况下，这是统计决策存在两种不同情况的假设检验问题，类似于精确数据的统计假设检验。　　　　　　　　　　　　　　　　　　□

第三节　应用事例

这一节举例说明几种不同情况的统计假设检验问题，既有关于正态分布的，又有关于 F 分布的。具体而言，例 15.2 运用正态分布的假设检验统计量，考虑统计假设检验的单侧情况。例 15.4 运用 F 分布的假设检验统计量，考察统计假设检验的双侧情况。

例 15.2　与例 15.1 类似，设中心为 0.7 的检验统计量的模糊数值 t^* 具有对称三角形态隶属函数 $\eta(\cdot)$。运用标准正态分布的检验统计量 t。

与例 15.1 一样，想要检验假设 $H_0: \theta \leqslant \theta_0$ 和 $H_1: \theta > \theta_0$，其中 h 表示未知参数，$\theta_0 = 0$ 是固定值。这是统计检验的单侧情况，由定义 15.1 可以确定模糊数值 p 值，于是得到 p^* 的隶属函数 $\xi(\cdot)$，如图 15.2 的右图所示，其中左边是密度函数 $f(\cdot)$，右边是隶属函数 $\eta(\cdot)$。

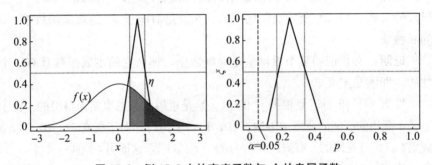

图 15.2　例 15.2 中的密度函数与 t^* 的隶属函数

在图 15.2 中，详细说明如何计算 $\delta = 0.5$ 的 n。在左图中，对于 $\delta = 0.5$，δ 截集 $C_\delta(t^*) = [t_1(\delta), t_2(\delta)]$ 由两条垂直线表示。特别是 $t_2(0.5)$ 的 p 值由深灰色区域表示，$t_1(0.5)$ 的深灰色区域和浅灰色区域表示在 $f(x)$ 曲线下。这些 p 值构成 $\delta = 0.5$ 的 δ 截集 $C_\delta(p^*)$，它在右图中通过精确 p 值显示在水平线和垂直线的交点上。

对于所有 $\delta \in (0, 1]$，按照这个过程，可以构建 p^* 的隶属函数 $\xi(\cdot)$。最后，将模糊数值 p 值与预先选定的显著性水平 α 进行比较，例如取 $\alpha = 0.05$，则得出结论：原假设 H_0 在显著性水平 $\alpha = 0.05$ 上不能被拒绝。

例 15.3　考察对称三角形模糊数据 t^* 的隶属函数。这里采用与例

15.2 相同的检验统计量分布和假设。

其目的是研究由隶属函数 η_1 至 η_6 给出的 t^* 不同结果的模糊 p 值。对应的隶属函数 p^* 的 ξ_1 至 ξ_9 如图 15.3 所示。

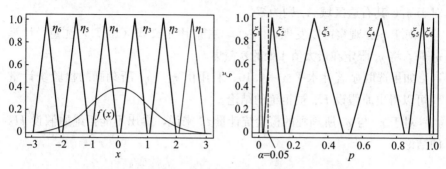

图 15.3　例 15.3 中密度函数与各个不同 t^* 的隶属函数

对于 $\delta \in (0, 1]$，ξ_1 的 δ 截集的上界小于 0.05，因此对于由隶属函数 η_1 所刻画的第一个模糊 t 值 t^*，在显著性水平 $\alpha = 0.05$ 上原假设 H_0 被拒绝。

另外，对于所有 $\delta \in (0, 1]$，ξ_3 至 ξ_6 的 δ 截集的下界都大于 0.05，因此对于 η_3 至 η_6 所刻画的 t^* 值，原假设 H_0 不能被拒绝。

对于由隶属函数 η_2 给出的检验统计量 t^* 的结果来说，在显著性水平 $\alpha = 0.05$ 上，既不能接受也不能拒绝原假设 H_0 和对立假设 H_1。

例 15.4　考察统计假设检验 $H_0: \theta = \theta_0$，$H_1: \theta \neq \theta_0$，这是双侧检验。需要构建关于 $F(10, 12)$ 分布的检验统计量，即具有自由度 10 和 12 的 F 分布。这是检验两个随机变量的方差是否相等的一个典型例子。

与前面的例子相似，需要求出检验统计量的模糊数值 t^*。这些结果可借助于隶属函数 $\eta_1 \sim \eta_4$ 描述，如图 15.4 的左图所示。隶属函数的形状类似于正态分布。

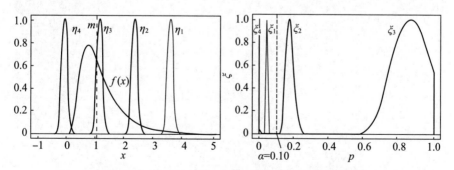

图 15.4　例 15.4 中密度函数与各个不同 t^* 的隶属函数

此外，还可以给出 $F(10, 12)$ 分布的密度函数 $f(x)$，并用一条垂直

线表示它的中位数 m。

对于图 15.4 的右图，给出 p^* 的隶属函数 $\xi_1 \sim \xi_4$，对应于 $\eta_1 \sim \eta_4$，可由定义式（15.7）建立。对于 $\eta_1 \sim \eta_2$，中位数 m 的左边区域 A_l 是零，而对于 η_4，其右边区域 A_r 则为零。

对于 η_3，观察可以发现 $A_l < A_r$，并应用定义式（15.7）。注意，计算 η_3 时，将 η_3 限定在最大值 1 处的 δ 截集。

如果选取显著性水平 $\alpha = 0.10$，利用由 $\eta_1 \sim \eta_4$ 所刻画的检验统计量 t^* 可以得出原假设 H_0 被拒绝的结论。

对于 η_2 与 η_3 所刻画的检验统计量 t^* 来说，得出不能拒绝原假设 H_0 的结论。

参考文献

[1] Abbasbandy, T. Hajjari. A new approach for ranking of trapezoidal fuzzy numbers [J]. Journal of Computational and Applied Mathematics, 2009, 57 (3): 413-419.

[2] Alsina, C. On a family of connectives for fuzzy sets [J]. Fuzzy Sets and Systems, 1985, 16: 231-235.

[3] Arnold, B. F. An approach to fuzzy hypothesis testing [J]. Metrika, 1996, 44: 119-126.

[4] Arnold, B. F. Testing fuzzy hypothesis with crisp data [J]. Fuzzy Sets and Systems, 1999, 94 (2): 323-333.

[5] Atanassov, K. T. Intuitionistic fuzzy sets [J]. Fuzzy Sets and Systems, 1986, 20 (1): 87-96.

[6] Bellman, R., and Giertz, M. On the analytic formalism of the theory of fuzzy sets [J]. Information Sciences, 1973, 5: 149-156.

[7] Bertoluzza, C. and Gil, M. A., Ralescu, D. A. (eds.) Statistical Modeling, Analysis and Management of Fuzzy Data [M]. Physica-Verlag, Heidelberg, 2002.

[8] Bonissone, P. P. and Decker, K. S. Selecting uncertainty calculi and granularity: an experiment in trading-off precision and complexity [J]. Machine Intelligence and Pattern Recognition, 1986, 4: 217-247.

[9] Buckley, J. J. Fuzzy Probabilities and Statistics [M]. New York: Physica-Verlag, 2005.

[10] Buckley, J. J. Fuzzy Probabilities [M]. New York: Physica-Verlag, 2003.

[11] Buckley, J. J. Fuzzy Statistics [M]. New York: Physica-Verlag, 2004.

[12] Carlsson, C. and Fuller, R. On possibilistic mean value and vari-

ance of fuzzy numbers [J]. Fuzzy Sets and Systems, 2001, 122: 315 - 326.

[13] Colubi, A. and González - Rodríguez, G. Fuzziness in data analysis: Towards accuracy and robustness [J]. Fuzzy Sets and Systems, 2015, 281: 260 - 271.

[14] Coppi, R. Management of uncertainty in statistical reasoning: the case of regression analysis [J]. Int. J. Approx. Reason, 2008, 47 (3): 284 - 305.

[15] C Radhakrishna Rao. Statistics and Truth: Putting Chance To Work (2nd Edition) [M]. World Scientific Publishing, 1997.

[16] Cuong, B. C. Picture fuzzy sets [J]. Journal of Computer Science and Cybernetics, 2014, 30 (4): 409 - 420.

[17] Denoeux, T. Z. , and Younes, F. Abdallah. Representing uncertainty on set-valued variables using belief functions [J]. Artificial Intelligence, 2010, 174 (7/8): 479 - 499.

[18] Dombi, J. Membership function as an evaluation [J]. Fuzzy Sets and Systems, 1990, 35: 1 - 22.

[19] Dubois, D. and Prade, H. Fuzzy sets, probability and measurement [J]. European Journal of Operational Research, 1989, 40: 135 - 154.

[20] Dubois, D. and Prade, P. A class of fuzzy measures based on triangular norms [J]. International Journal of General Systems, 1988, 8: 43 - 61.

[21] Dubois, D. and Prade, P. Operations on fuzzy numbers [J]. International Journal of Systems Science, 1978, 9 (6): 613 - 626.

[22] Dubois, D. and Prade, P. Possibility Theory [M]. Plenum Press, 1988.

[23] Dubois, D. and Prade, P. The mean value of a fuzzy number [J]. Fuzzy Sets and Systems, 1987, 24 (3): 279 - 300.

[24] Filzmoser, P. , Viertl, R. Testing hypotheses with fuzzy data: the fuzzy p-value [J]. Metrika, 2004, 59 (1): 21 - 29.

[25] F. K. Gündogdu and Kahraman, C. Spherical fuzzy sets and spherical fuzzy TOPSIS method [J]. Journal of Intelligent and Fuzzy Systems, 2019, 36 (1): 337 - 352.

[26] Fullér, R. , Majlender, P. On weighted possibilistic mean and variance of fuzzy numbers [J]. Fuzzy Sets and Systems, 2003, 136: 363 - 374.

[27] Geyer, C. J. and Meeden, G. D. Fuzzy and randomized confidence internals and p-values [J]. Statist. Sci, 2005, 20 (4): 358 - 366.

[28] Giles, R. The concept of grade of membership [J]. Fuzzy Sets and Systems, 1988, 25: 297 - 323.

[29] Grzegorzewski, P. , Hryniewicz, O. and Gil, M. (eds). Soft Methods in Probability, Statistics and Data Analysis [M]. Physica, Heidelberg, 2002.

[30] Grzegorzewski, P. Statistical inference about the median from vague data [J]. Control Cybernet, 1998, 27: 447 - 464.

[31] Holena, M. Fuzzy hypotheses testing in a framework of fuzzy logic [J]. Fuzzy Sets and Systems, 2004, 145: 229 - 252.

[32] Kaufmann, A. and Gupta, M. M. Introduction to fuzzy arithmetic: theory and application [M]. New York: Van Nostrand Reinhold, 1991.

[33] Kotz, S. and Lovelace, C. R. Process Capability Indices in Theory and Practice [M]. London: Hodder Education Publishers, 1998.

[34] Kowalczyk, R. On linguistic approximation of subnormal fuzzy sets [C]. Conference of the North American Fuzzy Information Processing Society-NAFIPS. 1998 (Cat. No. 98TH8353).

[35] Kruse, R. and Meyer, K. D. Statistics with Vague Data [M]. Dordrecht: Reidel, 1978.

[36] Kumar, A. , Singh, P. and Kaur, A. Ranking of generalized exponential fuzzy numbers using integral value approach [J]. International Journal of Advances in Soft Computing and its Applications, 2010, 2 (2): 221 - 230.

[37] Kwakernaak, H. Fuzzy random variables I. definitions and theorems [J]. Information Sciences, 1979, 15 (1): 1 - 29.

[38] Kwakernaak, H. Fuzzy random variables II. algorithms and examples for the discrete case [J]. Information Sciences, 1979, 17 (3): 253 - 278.

[39] Lee, E. S. , Li, R. L. Comparison of fuzzy numbers based on the probability measure of fuzzy events [J]. Computers Mathematics with Applications, 1988, 15: 887 - 896.

[40] Lee, H. T. Index estimation using fuzzy numbers [J]. European Journal of Operational Research, 2001, 129: 683 - 688.

[41] Lehmann, E. , Romano, J. Testing Statistical Hypotheses (3rd ed) [M]. New York: Springer, 2006.

[42] Lin, F. T. Fuzzy job-shop scheduling based on ranking level (λ, 1) interval-valued fuzzy number [J]. IEEE Transactions on Fuzzy Systems, 2002, 10 (4): 510 - 522.

[43] Liu, S. T. and Kao, C. Fuzzy measures for correlation coefficient of fuzzy numbers [J]. Fuzzy Sets and Systems, 2002, 128: 267 - 275.

[44] Liu, Y. K. and Liu, B. On minimum-risk problems in fuzzy random decision systems [J]. Computers & Operations Research, 2005, 32: 257 - 283.

[45] Lopez-Diaz, M. and Gil, M. A. Reversing the order of integration in iterated expectations of fuzzy random variables, and statistical applications [J]. J. Stat. Plan. Inf. , 1998, 74: 11 - 29.

[46] Mendel, J. M. , John R. I, Liu F. Interval type-2 fuzzy logic systems made simple [J]. IEEE Transactions Fuzzy Systems, 2006, 14 (6): 808 - 821.

[47] Mendenhall, W. , Wackerly, D. D. and Scheaffer, R. L. Mathematical Statistics with Applications (5th ed) [M]. Boston, Mass: PWS-Kent, 1998.

[48] Möller, B. , Graf, W. , Beer, M. and J-U Sickert. Fuzzy Randomness-Towards a new Modeling of Uncertainty [C]. Fifth World Congress on Computational Mechanics, Vienna, Austria, 2002.

[49] Nguyen, H. T. and Wu, B. Fundamentals of Statistics with Fuzzy Data [M]. Springer-Verlag, 2006.

[50] Parchami, A. , Taheri, S. and Mashinchi, M. Testing fuzzy hypotheses based on vague observations: a p-value approach [J]. Statistical Papers, 2012, 53: 469 - 484.

[51] Puri, M. L. , Ralescu, D. A. The concept of normality for fuzzy random variables [J]. Ann. Probab. , 1985, 11: 1373 - 1379.

[52] Puri, M. L. , Ralescu, D. A. Fuzzy random variables [J]. J. Math. Anal. Appl. , 1986, 114: 409 - 422.

[53] Römer, C. and Kandel, A. Statistical tests for fuzzy data [J]. Fuzzy Sets and Systems, 1995, 72: 1 - 26.

[54] Román-Flores, H. , Barros, L. C. and Bassanezi, R. C. A note on Zadeh's extensions [J]. Fuzzy Sets and Systems, 2001, 117 (3): 327 - 331.

[55] Senapati, T. and Yager, R. R. [J]. Journal of Ambient Intelli-

gence and Humanized Computing, 2020, 11: 663 – 674.

[56] Smarandache, F. A unifying field in logics. Neutrosophy: Neutrosophic Probability, Set And Logic [M]. Rehoboth: American Research Press, 1999.

[57] Torra, V. Hesitant fuzzy sets [J]. International Journal of Intelligent systems, 2010, 25 (6): 529 – 539.

[58] Viertl, R. Statistical inference with non-precise data [C]. In Encyclopedia of Life Support Systems. UNESCO, Paris, 2002.

[59] Viertl, R. Statistical Methods for Fuzzy Data [M]. Wiley, 2010.

[60] Wang, X, and Kerre, E. E. Reasonable properties for the ordering of fuzzy quantities (Part Ⅰ) [J]. Fuzzy Sets and Systems, 2001, 118: 375 – 383.

[61] Wang, X. and Kerre, E. E. Reasonable properties for the ordering of fuzzy quantities (Part Ⅱ) [J]. Fuzzy Sets and Systems, 2001, 118: 387 – 405.

[62] Yager, R. R. , Abbasov, A. M. Pythagorean membership grades, complex numbers, and decision making [J]. International Journal of Intelligent systems, 2013, 28 (5): 436 – 452.

[63] Yager, R. R. Generalized orthopair fuzzy sets [J]. IEEE Transactions Fuzzy Systems, 2017, 25 (5): 1222 – 1230.

[64] Yager, R. R. On a general class of fuzzy connectives [J]. Fuzzy Sets and Systems, 1980, 4: 235 – 242.

[65] Yager, R. R. On ordered weighted averaging aggregation operators in multi-criteria decision making [J]. IEEE Transactions on Systems, Man and Cybernetics B, 1988, 18: 183 – 190.

[66] Yager, R. R. On the theory of bags [J]. International Journal of General Systems, 1986, 13: 23 – 37.

[67] Zadeh, L. A. Fuzzy sets [J]. Information and Control, 1965, 8: 338 – 353.

[68] Zadeh, L. A. Probability measures of Fuzzy events [J]. J. Math. Anal. Appl. 1968, 23: 421 – 427.

[69] Zadeh, L. A. Fuzzy sets as a basis for a theory of possibility [J]. Fuzzy Sets and Systems, 1978, 1: 1 – 28.

[70] Zadeh, L. A. PRUF-a meaning representation language for natural languages [J]. International Journal of Man-Machine Studies, 1978,

10：395-460.

［71］Zadeh L. A. The concept of a linguistic variable and its application to approximate reasoning-Ⅲ［J］. Inform Sciences，1975，9（1）：43-80.

［72］Zhou，J.，Fan Yang and Ke Wang. Fuzzy arithmetic on LR fuzzy numbers with applications to fuzzy programming［J］. Journal of Intelligent & Fuzzy Systems，2016，30：71-87.

［73］Zimmermann，H. J. Fuzzy Set Theory and Its Applications（fourth ed）［M］. Boston：Kluwer Academic Publishers，2001.

［74］George Casella 和 Roger L. Berger. 统计推断［M］. 2 版. 张忠占，等，译. 北京：机械工业出版社，2010.

［75］胡宝清. 模糊理论基础［M］. 2 版. 武汉：武汉大学出版社，2010.

［76］胡启州，张卫华. 区间数的研究及其应用［M］. 北京：科学出版社，2010.

［77］李安贵. 模糊数学及其应用［M］. 2 版. 北京：冶金工业出版社，2005.

［78］李柏年. 模糊数学及其应用［M］. 合肥：合肥工业大学出版社，2007.

［79］模糊集合理论在社会科学中的应用［M］. 林宗弘，译. 上海：格致出版社，上海人民出版社，2012.

［80］Robert V. Hogg，等. 数理统计学导论［M］. 7 版. 王忠玉，等，译. 北京：机械工业出版社，2015.

［81］史宁中. 统计检验的理论与方法［M］. 北京：科学出版社，2008.

［82］汪培庄. 汪培庄文集：模糊数学与优化［M］. 北京：北京师范大学出版社，2013.

［83］王忠玉，吴柏林. 模糊数据均值方法及应用研究［J］. 统计与信息论坛，2010，10：13-17.

［84］王忠玉，吴柏林. 一类模糊数据的相关系数研究［J］. 经济研究导刊，2015，2：248-251.

［85］王忠玉. 模糊数据与统计分析［J］. 中国统计，2009，9：56-57.

［86］张本祥. 确定性与不确定性［M］. 北京：社会科学出版社，2017.

［87］张明，等. 一种改进的模糊统计方法［J］. 华东船舶工业学院（自然科学版），2004，4：58-61.

［88］张秀媛，白夜. 模糊统计分析方法在停车管理评价中的应用［J］. 数学实践与认识，2006，6：57-62.

［89］郑文瑞，丁栋全. 多元模糊数据的假设检验方法［J］. 模糊系统与数学，2007，6：123-127.

图书在版编目（CIP）数据

模糊数据统计分析方法及应用 / 王忠玉著. --北京：
中国人民大学出版社，2023.5
国家社科基金后期资助项目
ISBN 978-7-300-31693-2

Ⅰ. ①模… Ⅱ. ①王… Ⅲ. ①统计数据-统计分析
Ⅳ. ①O212.1

中国国家版本馆 CIP 数据核字（2023）第 079376 号

国家社科基金后期资助项目
模糊数据统计分析方法及应用
王忠玉　著
Mohu Shuju Tongji Fenxi Fangfa ji Yingyong

出版发行	中国人民大学出版社			
社　　址	北京中关村大街 31 号		邮政编码	100080
电　　话	010－62511242（总编室）			010－62511770（质管部）
	010－82501766（邮购部）			010－62514148（门市部）
	010－62515195（发行公司）			010－62515275（盗版举报）
网　　址	http://www.crup.com.cn			
经　　销	新华书店			
印　　刷	唐山玺诚印务有限公司			
开　　本	720 mm×1000 mm　1/16		版　　次	2023 年 5 月第 1 版
印　　张	14 插页 2		印　　次	2024 年 9 月第 2 次印刷
字　　数	234 000		定　　价	69.00 元